都市的夏天為什麼愈來愈熱？

為什麼愈來愈

熱？

圖解
都市熱島現象
與退燒策略

國立成功大學建築學系特聘教授
都市熱環境及氣候問題專家
林子平　著

目錄

目錄

直指都市熱島問題根源的良知之作

國立成功大學建築學系講座教授　林憲德

談到都市熱島，我研究室1995年起即投入本土都市熱島的實測研究，也培養了不少博碩士生，但其中林子平教授卻是一路鍥而不捨、披荊斬棘，成為此中巨擘的學者。依我所見，林子平教授應該是台灣建築界新生代最有研發潛力的奇葩，因為設計導向的建築領域，一向在學術研究難以深入而被列為冷門，但子平的研究論文在2012年獲 *Landscape and Urban Planning* 主編評論專文介紹，並被列為該期刊封面照片，並在2019年獲得「科技部傑出研究獎」，這在建築界是史無前例的。能為子平的巨作寫序，深感榮幸。

我認為都市熱島是一種都市環境問題，也是一種地球環境議題。都市、地球問題必須以都市、地球尺度來處理，若以小尺度來面對，可能會以管窺天，以蠡測海而毫無成效，就像灑一把鹽在海洋中，或以鹽田取一些鹽均無法增減海水鹹度一樣。都市熱島問

題最大的根源在於都市人口過度集中、容積率過高、綠地不足、建築耗能排熱等大尺度的問題，但許多地方政府無法也無力去解開此問題，卻高舉減緩都市熱島之旗幟，而以蠡測海地去推動塑膠盒與人工澆灌的建築立體綠化與屋頂薄層綠化，這不但對熱島於事無補，也製造大量廢棄物、化肥汙染，更是在台灣缺水國的傷口上灑鹽。為了免於以管窺天的都市熱島政策，我認為子平的巨作是真正以都市與國土計畫的尺度來著眼的巨作，值為各級政府都市政策熱島的借鏡。

我在建築界誤人子弟三十餘載，常對新進教授有些建言：「綜觀大學各科系，只有建築學的大部分課程沒有像樣且權威的本土教科書，這是學子的遺憾，也是教授的恥辱。上課只能影響課堂上的同學，好的教科書可以影響國內外廣大的同行者。好教授應該有生涯規劃，在完成論文升等後，應擴大格局積極投入本土教科書的著作，同時應該致力撰寫一些專業與大眾兼宜的科普教材，以免愧對職所。」我是奉行此建言而即將告別建築生涯之人，今天能看到子平撰寫科普教材，雀躍不已。看到書中「增綠再留藍」、「讓路給風走」、「遮蔭供人行」等平易近人的用語，深覺子平已脫胎換骨成為巨人。我期待子平能繼續以良知與智慧，開拓本土學術之廣度與深度，積極成為環境政策的領航者，協助政府走向健康永續之路。

熱島降溫・齊共識來共行

氣象達人・天氣風險管理開發公司創辦人　彭啟明

記得我在三十多年前，還是大學生時，教科書中談到熱島效應，只是一個理論現象，都市和郊區的環境溫度感受差異，或許還可以接受，但這十幾年來，全球暖化加劇，都市快速發展，熱島效應已在台灣的各縣市快速蔓延，「愈來愈熱」成為每個人的夏日夢魘。

本書中提到的台北市高溫紀錄不斷刷新，每年破紀錄已經不是新聞，2020年已經達到39.7℃，突破40℃高溫的日子越來越近，而台北市中心比郊區的月均溫高出了2.3℃，單一天的極端高溫日，可以相差3.5℃，愈來愈熱的天氣帶來很大的負面效應，需要開更多冷氣降溫，排放更多的熱氣，這樣的問題該如何解決？就如同面對全球暖化下的減碳，也是大家一起累積造成的共業，你做我沒做，改善效益就很有限，很容易無解。

很感恩子平兄能從歷年研究成果上的科學與實證基礎，寫出很具
代表性的熱島問題和改善方案的科普書。我過去兩三年和子平密
切合作，很努力地和各界溝通，期望能提升台灣社會對熱島效應
的重視，也希望能夠有更具體的作為，這兩年多下來，也的確促
成一些城市的改變。

例如台中市政府，2020年底公布實施《台中市都市更新建築容積
獎勵辦法》，首創於容積獎勵項目中，納入「建築量體與環境調
合」項目，引入城市風廊概念，將「基地通風率」做為評估指
標，給予2%至5%的容積獎勵額度，這就是學者能引導國家社會
改變的最佳典範。

都市熱島和全球暖化有密切的關連性，對抗全球暖化的難度及力
道較高，需要全球的通力合作，但都市熱島的降溫，只要每一位
市民發揮力量，就可以改變，最重要的就是讓我們居住的環境，
能提高舒適度，如果熱島可以降溫，這當然對減緩全球暖化會有
很大程度的助益。

當然要做到城市的改變很不容易，需要政府、企業與市民共同的
通力合作，提高各界的環境意識，這當中需要很充分的立論基
礎，才能夠在溝通過程中有共通的根據，非常感恩子平兄能夠帶
領團隊完成這一份充分又詳細的依據，這將為台灣各城市在現

象與學理上，能夠有充分討論的基礎，更提出了具體的應用，例如「增綠再留藍」、「讓路給風走」、「遮蔭供人行」這幾種方案，原來我們要讓溫度下降，可以那麼簡單，只要我們願意做，就有機會改變，也更期待下一本的建築節能，帶給我們更多居家的改善方式。相信這顆善的種子，可以為台灣社會帶來改變。

激發人們對環境議題的
熱情與改善現況的渴望

德國氣象局人體生物氣候研究中心主任　Andreas Matzarakis

當前全球大多數人口居住在城市，人們也開始體驗到氣候變遷在
都市生活中的真實影響。首先，大量建築物的垂直表面及複雜街
區的地面，吸收了日射，使夜間蓄熱大幅增加。其次，都市中缺
乏植栽，無法提供珍貴的遮蔭效果，也降低蒸發散的能力而難以
散熱。再則，因為人類活動而導致了額外的熱量釋放。在都市中
因為熱島效應的溫度升高的程度，幾乎等同於人為氣候變遷下的
全球暖化，嚴重影響都市生活品質與運作機能。

在科學理論的支持下，政府當局及都市民眾應相互合作，致力於
減少城市的熱壓力及高溫風險，找尋可行策略來提高居住者的品
質。都市熱島的議題與全球的區域有密切關聯，包含了像位處熱
溼氣候區的台灣，或是全球經濟經濟發展及氣候變遷劇烈的地
區。

目前都市面臨的挑戰，是如何在氣候變遷的年代中生存下來，如何減低或調整會導致都市蓄熱及高溫的負面因子。然而，都市的既成型態及街道紋理，使得我們能施展的策略極為有限。因此，我們應當聚焦在局部的調整，例如，完善規劃綠帶與水體的分布，或是透過更好的都市開發規劃，保留通風以及增加遮蔭等，增加都市調節高溫的能力。

單靠科學研究成果並不足以改變高溫的現況，這些熱島的現象及成果應該以容易理解的文字呈現，並以實際的案例描繪──正如這本書所做的。如此一來，民眾才能更充分地理解這些成果，因為他們在形塑這個城市的結構中扮演著至關重要的角色。同時，每項對策的降溫效果需要能夠個別量化，也要能整體評價。科學溝通的方法至為重要，要積極和政府部門、對此主題感興趣的民眾溝通，也要引入年輕世代以及學生的熱情共同參與。

本書作者林子平教授，不僅在台灣都市熱島議題有非凡的研究成果，在全世界的熱舒適領域也有傑出的表現，是我結識15年共同參與國際交流研究的重要學術夥伴。我們共同發表針對日月潭的遊客熱舒適感受的研究論文，是旅遊氣候領域中被高度引用的論文，也被聯合國政府間氣候變遷專門委員會IPCC第五次評估報告所摘錄。作者將這些難以闡明的主題順暢地呈現，以容易理解的理論及方法解釋真實的科學，並提供相關的範例及大量淺顯易懂

的圖例來說明，可以增進一般大眾對都市熱島議題的了解，並激發人們對都市環境議題的興趣與熱情。

這本書具備了一本好書該有的特質，不提供超載的資訊，搭配有趣的案例說明，閱讀過程令人心情愉悅，並可激發讀者積極的渴望以改善城市現況。

原文：

Nowadays, most of the population live in cities and are already starting to experience the effects of climate change. These effects are felt due to three predominant reasons, as a result of: (i) urbanization and its consequential instigation of the urban heat island effect, which occurs due to the large amount of buildings and subsequent capturing of radiation by vertical surfaces and urban fabrics that store heat especially during the night; (ii) the lack of vegetation that would otherwise provide very valuable shading and evapotranspiration effects; and, (iii) the additional heat release resulting from large concentrations of human activity within urban environments. Temperature rising by anthropogenic global climate change presents similar augmentations in comparison to urban heat island effects. For this reason, urban residents and the whole urban system suffer as a result of increased temperature. Resultantly, backed by scientific know-how, authorities and urban societies should focus on the reduction of such urban thermal stress and risk factors. At the very least, such an engagement should be directed at approaching possibilities and solutions that address how cities can be made more responsive in providing more acceptable and comfortable conditions for the urban dweller. The issue of urban heat island effects is relevant for all areas of the world, including in the hot-humid tropics and areas with strong economical and global change.

The challenge now lies in how to survive in an era of climate change in cities, and how to reduce and modify the negative effects originating from the overheating of the urban fabric. Given that these urban fabrics already exist, the aforementioned challenge must moreover overcome the fewer available options due to already consolidated urban morphology and existing fabric. Therefore, focus should be given to the factors and parameters that can affect the existing situation, starting from the heat sinks via green and blue infrastructure in combination with factors which can be modified by planning measures. These measures can directly influence crucial parameters such as wind modification and providing shade possibilities at different urban micro scales.

In order to accomplish this, good scientific results alone are insufficient. Such results, including those presented in books, should be presented with easy-to-understand language, and furthermore linked to practical precedents that are adequately illustrated. In this way, these outcomes can be better understood by non-scientists that also play a crucial role in shaping the urban fabric. Finally, the examples and results should be quantified in terms of providing relevance and showing the negative impacts, how they can be quantified, and ultimately avoided, or removed altogether. The method of communication is extremely crucial, and the key to success in collaborating with authorities, individuals that are interested in the topic, and also in propagating the contagious enthusiasm in younger generations and students.

The author, Prof. Tzu-Ping Lin, which I know and have worked with for over fifteen years, is not only an extraordinary scientist in urban heat island in Taiwan, but moreover present excellent in the field of thermal comfort in the world. Our collaborative papers focus on tourist thermal perceptions in Sun-Moon Lake was one of the most cited paper in tourism climate field and have been selected by the IPCC AR5. These topics, that the author rendered the impossible possible, brought together true science, easy understandable theory and methods, relevant results and examples, generous graphs and illustrations; all of which can generate enthusiasm for climate issues in cities and what to do to provide a better quality of life for humans.

The book is a book how a book has to be. Not overloaded, provides enjoyable reading, and instigates a vivacious appetite to change the situation in cities for the better.

自序

每周二是我最忙碌的一天，這是我們建築與氣候研究室（BCLab）所有成員固定聚會討論的日子。早上九點左右，十多個博碩士班學生、外籍交換生陸續到達位於成大榕園寧靜角落的研究室，坐在有點擠的長條討論桌上，以簡報說明這一周的進度，在白板上畫滿密密麻麻的說明圖及文字。通常這天結束返家時，早已夜幕低垂。

這些討論的科學基礎，大部分都是來自戶外氣溫、溼度、風速、日射的熱環境的謹慎量測。我們曾經帶著好幾組儀器到一個棒球場，在多種座席區進行量測，有頂蓋的內野看台區當然比外野空曠區來得涼爽，但是隔熱不好的半透光頂蓋材料卻也造成局部蓄熱問題，使觀眾覺得不舒適。

二十年來我們在都市熱環境、人體熱舒適的研究主題，都是歷經如前述的現場實測及分析討論所累積而成。隨著全球暖化及都市高溫，都市熱環境逐漸躍升為都市規劃及建築設計的主角，讓我

決心投入都市熱環境研究領域。台灣人在夏季喜愛找尋遮蔭躲太陽的有趣景象，則是驅動我進行人體熱舒適研究的動力。這些研究的成果也促成了一些政策上的改變，例如建築節能法規目前已將運動設施、月台等半戶外空間納為屋頂隔熱的管制範圍，讓新建月台不再因屋頂隔熱不佳造成炎熱難耐的情況。也逐漸有些都市將風廊的指認及留設，納入地方政府的都市計畫相關法令中，以確保熱島降溫及人體舒適。

然而，目前都市高溫化問題急劇惡化，台北市中心氣溫比郊區高出3℃以上是家常便飯，早已超出《巴黎氣候協定》對於世紀末升溫控制在2℃以內的期望。令人擔憂的是，台灣目前的中央法令對於高溫化的對應仍嚴重不足。在《災害防救法》有風災、水災、寒害，卻沒有熱災的定義，也就是高溫化沒有法令規範也無主管機關。《建築技術規則》有日照權，但只有基本室內通風規範，而無受風權的確保。同時，現行法令中廣場上的遮陽頂棚，大樓間的連通走廊，小學內的風雨球場，居然都需要計入建築開發面積中，在寸土寸金的都市裡，增加了設計遮蔽設施的阻力。

要改變舊思維來推動都市退燒，實屬不易。其中一個原因是，都市熱島包含了很複雜的跨領域知識，還伴隨著深奧的數學公式及抽象圖表，民眾不容易理解，設計者不方便參考，政府也難以擬定適合政策。因此，有必要將都市熱島的現象、理論、成因、對

策，以簡單有趣的方式讓人能夠理解。傳遞知識固然重要，但引起興趣更是關鍵。

如果，當你翻閱這本書時，會專心查看溫度分布圖，確認你是否住在城市的高溫熱點上，會好奇插畫內的北極熊、蝙蝠、冰箱、咖啡杯、天平、洗手槽到底與都市熱島有什麼關聯，會想像降溫、通風、遮蔭這麼簡單的幾個策略要如何幫都市退燒、讓行人舒適。那麼，這代表你對都市熱島的議題已產生了關心與興趣，你不再視每年盛夏的都市高溫為尋常，願意進一步了解這個在極端氣候變遷及高度都市化下的重要議題。我相信，唯有充分了解，才能促成對話；唯有深入對話，才能促成改變。

前言

在一個炎熱的夏天夜晚，你騎著車從安靜的郊區騎到熱鬧的市區。沿途你看到環境及活動逐漸改變，例如自然綠地與空地減少、建築物密度及高度增加、地面及道路人工化增加、空調及機具設備增加、路上車流輛增加。你感受到不僅周圍的氣溫慢慢升高，空氣中的溼度、風速風向，甚至連呼吸到的空氣品質，好像也變得不太一樣。

都市熱島現象不只是都市與郊區氣溫的差異

我們常把「都市熱島現象」視為市區的氣溫比郊區高的現象，然而，氣溫的差異只是熱島其中一個現象，造成這個現象的複雜成因，以及除了氣溫之外都市與郊區在氣候特徵上顯現的差異，都可以視為廣義都市熱島現象。

因此，它涵蓋的知識很廣，有大氣科學領域中的都市氣候及微氣候，建築都市領域中的土地利用、都市型態、建築形式、能源消耗，以及人體熱生理領域的熱舒適性、熱調適性等。當然，熱傳遞及能量平衡也是了解都市熱島的根本基礎。

如果要在書中詳述所有與都市熱島的理論細節，恐怕無法在有限的篇幅內陳述熱島形成的來龍去脈，同時，要嚥下這麼多艱深的理論對讀者而言，可能是極大的負擔。但另一方面，若是完全略過這些理論，只是由熱島直觀的現象來推敲可能的成因及降溫的解決對策，也恐淪為粗淺的描述，提出的對策也不切實際。

了解熱島理論，你能看透這座城市

都市熱島不只是個**現象**，但它其實也像人體發燒一樣，是針對潛藏問題的**警訊**，背後是都市化過程與全球暖化合併下產生的複雜問題。因此，如果你能多了解一些與熱島相關的基本理論，你能看到的現象就會截然不同：

> 從地球熱平衡及大氣科學的理論，你知道強烈的太陽輻射穿過了大氣層，有些輻射的熱能會被特殊氣體吸收，因而加熱了地表。從都市熱平衡來思考，你會了解到輻射進到都市的建築物所形成的峽谷中，如何透過多次反射被建築物外殼及地面吸

收，不僅提升了建築物及地面的表面溫度，還釋放出另一種特殊的輻射，它的能量雖小，卻能加熱氣溫。

從人體熱生理及心理學的理論，你了解人們為了維持舒適性，在室內開啟空調降溫，結果將廢熱排放到戶外，累積更多的熱量；在戶外則是想盡辦法尋找遮蔽物，減少直接曝露在陽光下的時間，這是長期生活在亞熱帶的台灣人對於遮蔭的強烈心理期望。

為了排除這些都市熱量，並維持人體的舒適性，透過基本熱傳遞的輻射、傳導及對流理論，可協助你理解如何應用水體蒸發、植栽蒸散的方式，有效率地將地表的熱量帶走。配合良好的背景風向及街區通風，來降低地面的溫度、減少輻射熱的釋放。提供良好的遮蔭，不僅能減少地面的蓄熱，也能提供舒適的行走空間。而這些都可以透過都市土地利用及都市設計來管制、由建築的永續設計來實踐。

上面這段描述，結合了大氣科學、熱力學、都市建築、空調機械、人體生理等跨領域知識。我們無需了解所有的理論細節，但有必要知道哪些理論與都市熱島密切相關，又有哪些重要發現及技術能有效緩和都市高溫化的現象。

精心鋪陳讓你循序漸進，準備好面對這場氣候戰役

這本書的目的，是帶領讀者透過全面觀點，採用簡易理論，來了解都市熱島的現象與原因，並提供過去在台灣各地長期觀測的數據，一同探索確實可行的退燒策略。這不是學術著作，也不是教科書，所以會省略過度艱深的學術理論，改以平實易懂的文字和舉例，來協助讀者理解科學理論，並產生興趣，開始關心我們居住的環境。

本書內容主要分為「現象篇」、「學理篇」及「應用篇」，讓你準備好面對都市熱島這場發生在你我身邊的**氣候戰役**。

「現象篇」直接帶領讀者看見都市熱島的現象及問題，對這場戰役建立概況性的印象，以及各戰場中所面臨的問題。先對都市熱島的定義及影響有所了解（第1章），再延伸到台灣多個城市的高溫化觀測與分析（第2章），做為進入學理篇前的暖身。

「學理篇」將帶領讀者深入了解都市熱島背後的理論成因，讓讀者了解這場氣候戰役是如何發生，以及人們所受到的衝擊。讀者將由一個小房間的長波及短波學習到輻射熱理論，再由地球大氣的輻射進階到複雜街廓的日夜間輻射變化（第3章）。接著，從廚房冰箱了解風的形成原理，再由大範圍的季風、海陸風，認識到

小區域的都市街區內的風速特徵（第4章）。接下來，從洗手槽理解都市熱平衡，包含顯熱、潛熱、人工熱在都市中的平衡（第5章）。最後，由天平了解人們在獲得及失去熱量之間維持平衡，以達到熱舒適的狀況，並說明如何用物理及生理量來定義出體感溫度，以及心理層面如何影響人們對熱舒適的感受（第6章）。

「應用篇」則是這場戰役的最後一哩路，由台灣氣候及都市和建築的特徵，結合相關的理論，歸納出確實可行的都市退燒策略。首先，「增綠再留藍」是都市降溫的根本之道，應優先增加綠地面積、保留都市水域，並強化樹穴及鋪面的涵水能力（第7章）。而「讓路給風走」是保全並規劃風廊，確保都市中有足夠的風速，並且讓建築物側身讓風而非正面阻風，使涼爽空氣可流進都市每個角落，帶走蓄積的熱量（第8章）。「遮蔭供人行」是利用植栽、騎樓、迴廊、穿堂、頂棚等遮蔽物來阻擋太陽日射，不只讓人們日間行走比較舒適，也能減少蓄熱，緩和都市夜間的高溫化問題（第9章）。

這是一本與專業工作者溝通，
也為一般讀者所寫的科學書

在理論的撰寫上，本書在內文中將不出現公式，取而代之的是以
日常生活經驗及有趣的假設情境，與艱深的學術理論正面對決。
如果你想更深入了解，書末的註解會提供相關的公式、變數、文
獻供你參考。但即使略過它們，你也可以流暢地閱讀關於熱島的
一切，而不影響對熱島全貌的了解。

這本書書寫時所設定的讀者對象分為兩種類別。第一種是你的學
習或工作專業與都市熱島有關，例如都市、建築、景觀、地政的
規劃設計領域，或是土木、水利、營建、環工、測量的工程領
域；對於大氣、海洋、地科、地理、環境等科學領域的你，學理
篇的內容也許過於簡單，但你應該能從應用篇得到些啟發，看看
人類如何透過設計及工程，將學理實踐在我們的城市之中。第二
種是察覺並關心都市高溫化現象的讀者，也許都市高溫化實際影
響了你的生活，也許你是對於它的成因感到好奇，或對這個現象
感到憂心；你可能也想知道政府應該要做什麼來防止這個現象日
益惡化，或民眾要改變什麼行為來調適這個高溫。

1

現象篇

都市熱島是座什麼「島」？

一、比氣候變遷更早被發現的「都市熱島」

「都市熱島」這種市區氣溫比郊區高的現象，可不是最近才被注意到的，它被發現的時間甚至比我們耳熟能詳的「氣候變遷」、「全球暖化」都還要早[1]。在距今200年前的1818年，英國的盧克‧霍華德便已指出都市空氣溫度高於郊區的現象，他發現倫敦市中心在夜間的氣溫，比郊區足足高了約2.1℃，當時大家對這個現象及造成的原因都很好奇，霍華德則是把這個現象主要歸因於倫敦市區嚴重的煙霧（smog）──這是個結合了煙（smoke）和霧（fog）兩個字所產生的新字。

霍華德是個傳奇的人物，他的本職其實是位製藥學家，氣象雖
只是他業餘的興趣，但他被公認是都市氣候研究的先趨。而他
在氣象領域中最廣為人知的貢獻，是將雲分類並命名的第一
人，這個分類系統一直沿用至今。很多人稱他為雲之教父，德國
文學家哥德甚至還寫了一首詩，讚揚他為捉摸不定的雲起了各種
名字呢！

從霍華德第一次發現都市熱島現象迄今，200年來世界各地有許多
學者針對不同都市的熱島現象、成因、對策進行探索。尤其近年
來熱島現象在氣候變遷、全球暖化的影響下，惡化的速度更是急
劇加速，建立大眾對都市熱島議題的認識和思考，已是刻不容緩
的任務。

都市熱島急劇惡化程度高於氣候變遷

聯合國政府間氣候變化專門委員會（IPCC）在歷次的評估報告中
指出，人類活動為影響氣候變遷的主要成因，2016年聯合國成員
國也簽署了《巴黎氣候協定》，協定的其中一個目標是要將地球
的上升溫度控制在2℃以內，並致力於限制到1.5℃以內。在一些
影片中，我們看到北極的冰山因為暖化問題正逐漸融解，北極熊
得要長途跋涉，游更長的距離去尋找食物。看著瘦弱不堪的北極
熊，愈來愈多人願意改變對於環境及資源的使用方式，也改變自

1-1
北極熊和都市裡的人們，都正承受著前所未有的高溫化衝擊。

己的生活模式，來減少二氧化碳的排放。

但其實早在200年前倫敦市區的氣溫就比郊區高了2℃以上，2008年一個倫敦研究更指出，市區及郊區的溫差已經到了令人難以置信的8.6℃ [2]，遠高於《巴黎氣候協定》對世紀末溫度控制的目標。當我們試圖做出努力，減少全球溫度升高，解救北極熊的同時，是否曾經想過，享受著現代都市生活種種好處的自己，其實也正付出相對的代價，承受著前所未有的高溫化衝擊（如圖1-1）。

二、一座飄忽不定但影響甚巨的「島」

你可能會好奇，為什麼要用「島」這個字來描述都市高溫的現象
呢？這是因為都市的氣溫有高低起伏的變化，若畫出等溫度線
圖，看來就很像島嶼的等高線圖[3]。在這個虛擬的島上，高溫區像
島上的山峰，而且往往不只一座；而低溫區如島上的平原，也可
能是兩個山峰之間的山谷（如圖1-2）。都市在同一時間下最高溫區
及最低溫區的**氣溫差異**，就是「都市熱島強度」。

隨時變化且不易定義的都市熱島強度

都市熱島強度可以用來描述熱島的**嚴重性**，例如上一節提到倫
敦市區及市郊的溫差在1818年是2.1℃，到了2008年溫差則達到
8.6℃，我們可以說倫敦的都市熱島強度在這200年間劇烈地升高
了，代表這個都市高溫化的問題愈來愈嚴重。

都市熱島強度的定義看來很單純，就是把都市中的最高溫及最低
溫相減，但實際上，這可比計算一個都市的海拔高差複雜多了！
首先是都市中最高溫及最低溫的地點及數值，並不像山川、平原
地形一樣，位於固定位置，有固定的高度，它會隨著不同年度、
季節、時段一直在改變。以台南為例，白天最高溫常出現在東南
側的內陸區，而夜間最高溫卻是位於西北側的沿海區。另外，都

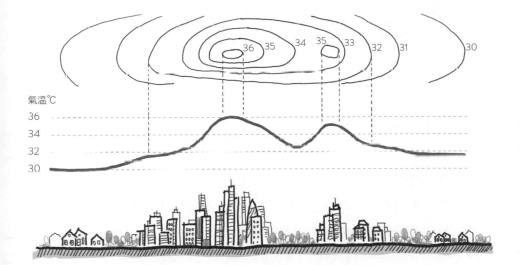

1-2

都市氣溫的分布圖及剖面圖如同島嶼一樣地起伏。市中心是典型的高溫區,郊區則為低溫區,都市中公園綠地的氣溫也會略低一些。本圖中最高溫(36℃)與最低溫(30℃)的溫差為 6℃,即為都市熱島強度。

市最高溫區很容易指認，通常是在車站、市中心，或發展密集的區域，但低溫位置卻**很難定義**。低溫區應該選擇在都市開發密度高低變化的邊界處，且海拔高度應該與高溫區接近較為合理，例如台北市的低溫區若選擇海拔高、氣溫低的陽明山，那就不夠客觀。

熱島影響人們的不只是氣溫上升的感受

都市熱島造成的氣溫上升，會直接影響人們待在戶外的感受，也就是**熱舒適性**，這將影響人們對環境的滿意度及空間利用率，對都市生活品質十分重要。如果又依賴空調來減緩戶外高溫造成的室內悶熱，不僅會排放大量**廢熱**，使戶外再升溫，造成惡性循環，大幅增加的**電費**也會讓我們荷包失血。台灣的用電量仍有八成依賴火力發電，一度電會排放0.51公斤二氧化碳[4]。因此當用電量增加時，二氧化碳的排放量也會升高，是導致全球暖化的關鍵因素之一。

除了氣溫之外，都市熱島現象也直接或間接影響市區的氣候特徵。在空氣品質方面，都市熱島若發生在日射強烈的時段，常會伴隨著臭氧的發生機率及濃度提高的現象[5]。而密集街區的風速較低，若都市的交通量及空調使用量增加，汙染物卻不容易擴散，就會招致空汙濃度增加[6]。此外，沿海都市的高溫也會造成局部環

流結構的改變，如白天海風增強，使得汙染物由都會區輸送至內陸山區，並累積於山區；夜間陸風減弱，則會造成汙染物的局部累積加劇[7]。

在雨量方面，以台灣西部沿海為例，原本海風帶來的豐沛水氣會降雨在山區，然而，市中心的高溫及乾燥造成的大氣不穩定，會強化都市下風處的對流，可能使市區降雨量減少，或在都市下風處增加雨量。這顯示都市熱島會改變區域的大氣條件，造成降雨量及降雨位置的不確定性，此結果隱含了熱島效應對水資源分布的重要影響[8]。另外，熱島效應也使得午後落雷機會增加，對於都會區的交通設施及戶外活動也是重大的威脅[9]。

三、不易察覺且難以量測的都市發燒

人體發燒時常會有一些附加的症狀如喉嚨痛、流鼻水，提醒你去量個體溫是不是發燒，當高燒不退又出現某種特殊症狀時，你會儘快就醫診斷找出可能的病因。

然而，都市氣溫總是早上升溫、夜間降溫，如果不是新聞報導（或是你家的電費單）提醒你，或許不太容易察覺每年夏季的最高氣溫正逐漸升高、高溫日數逐漸增加、都市的高溫區慢慢擴

大。不像淹水的問題民眾都**看得到**，都市熱島像溫水煮青蛙，平常不容易察覺，等都市出現症狀的時候，通常已經造成嚴重的問題及損失。

正因環境高溫不易察覺，都市居民對都市發燒的症狀沒有病識感，因此需要有正確且充足的氣候資訊來**檢驗**目前的症狀，了解高溫或其它氣候特徵出現的位置、時間及頻率。有了這些資訊，才能透過專業者診斷，了解造成這些高溫現象的病因，並提出可行且有效的**處方**，幫都市退燒。

僅量測表面溫度，難以檢驗都市發燒現象

發燒時我們量測的是人體的**表面溫度**，如額溫、耳溫等，因為它量值的數值很接近人體的核心溫度。然而，在都市中我們關心的是人們主要活動的高度──也就是距離地面1.5公尺處的**行人層**空氣有多熱（如圖1-3），因此要量測的是**空氣溫度**，也就是我們在氣象播報中看到的數值。氣溫必須要在有遮蔽且通風的環境中量測，標準的方式是將氣溫計放置在氣象儀器專用的百葉箱中，以避免受到太陽光的輻射及箱內的蓄熱所影響[10]。因此，如果我們使用正確的方式量測氣溫，那麼樹蔭下及鄰近空曠處的氣溫其實會是相同的。

1-3
都市熱島研究中，要量測的是人們主要活動高度（距地面 1.5 公尺）的空氣溫度（Ta）。
地面、牆面的表面溫度（Ts）只能當作參考。

由政府或專業機構設置的**氣象測站**，具有儀器精確、維護良好、
數據可靠的特性，為都市熱島研究重要基礎。然而，由於其設置
及維護成本較高，一個都市內設置的氣象測站數量有限，氣溫很
難呈現小範圍街區內的細微變化。再則，氣象測站大都是設置在
比較不受人為影響的空曠草地或屋頂，資訊無法呈現都市複雜的
地表鋪面蓄熱、空調交通人工排熱、密集建築物阻風等因素影響
下的微氣候及都市熱島特徵。因此，較理想的都市熱島觀測，應

該是要設計一套特別的氣溫量測系統，將儀器設置於都市街區或
公園廣場之中，才能呈現出都市發展特徵下的實際氣溫，並可搭
配郊區的政府部門氣象測站，來提供穩定的背景氣候資訊。

儘管隨著**熱影像**拍攝及處理技術的進步，只憑小型紅外線攝影機
或人造衛星的少數幾張影像訊息，我們就可以觀察到大範圍內變
化萬千的土地、水域、植栽、鋪面、建築的表面溫度，十分便
利。然而，由於從表面溫度推估空氣溫度的準確性會受到地點、
表面材料等條件影響[11]，因此表面溫度只能當作都市熱島背景之
參考，無法用來檢驗都市中人們所處環境的實際氣溫分布狀況。

四、建立都市街區高密度氣溫量測網

為了長期觀測都市熱島現象，成功大學建築與氣候研究室
（BCLab）[12] 歷經多次修正，最後提出一個較為可行的方案。感
測器只監測空氣溫度及相對溼度，故體積像口紅般小巧，並使用
續航力可達半年的內建電池，訊號以無線方式每半小時上傳雲
端。這個感測器再放入一個通風遮蔽良好的白色遮罩，多盤式的
結構可反射太陽輻射熱，空隙可引入氣流，有效降低遮罩內的蓄
熱問題，以量測到較正確的空氣溫度。而在整組儀器架設方面，
因為體積夠小，就可直接設置在都市的路燈桿上，架設高度約在

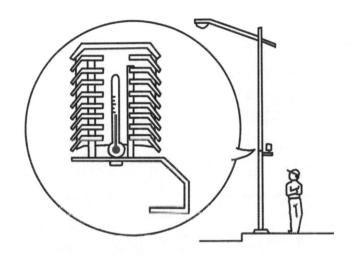

1-4
BCLab 在燈桿上架設通風遮罩，內置電子溫溼度計可將資訊即時傳輸至雲端，呈現密集街區中細緻的氣溫變化。

2.5公尺以上，以符合道路相關規範（如圖1-4）。因為燈桿無所不在，既可架設在高溫區的密集街廓中，亦可設置在低溫區的都市公園綠地及市郊水塘農地旁。

自2018年5月迄今，BCLab分別在台北、新北、桃園、台中、台南、高雄的六個都會區建置了**高密度氣溫量測網**，合計約有250處微氣候站，設置地點多為都市街道、公園廣場、郊區農地，同時結合IoT物聯網技術，能夠即時呈現細緻的都市氣溫變化資訊。

微氣候站架設至今面臨諸多考驗，因為遮罩的通風遮蔽良好，常成為螞蟻、蜜蜂築巢的理想地點，需要大費周章移除清理，研究室現在還留存一個小蜂窩當紀念。同時，都市中常有不定期的工程，有時到現場要進行例行性維護時，才發現整支燈桿已消失不見。最神奇的是曾經發生架設在高雄壽山附近的儀器，如同被施了魔法一般瞬間移動，而且氣溫數據分布異常，後來費了九牛二虎之力才搞清楚，原來儀器是落入**猴子**手裡，在那段時間裡辛勤地記錄著猴子窩的溫溼度。

現象篇

2

台灣的都市熱島現象

本章內容是BCLab**高密度氣溫量測網**搭配中央氣象局部分氣象測站的資訊所繪製的成果。這幾年觀察到的台灣六都氣溫分布現象包羅萬象，幾乎涵蓋了所有熱島的特徵及元素，可說是全球最精采的亞熱帶氣候區都市熱島實境教材。

一個城市的都市熱島現象，會與它的自然環境特徵及地理區位，和人為開發下都市型態、建築開發、地表材料、人工發熱有密切的關係，因此本章先帶領大家由**自然**及**人為**兩個觀點，初窺各個城市的氣溫分布現象，並從中引申出其可能的關鍵問題。

然而，造成都市高溫化的原因多樣且複雜，這裡先賣個關子不急著進行詳細的解釋，進入「學理篇」後，我會將箇中緣由細細道來。從現象觀察進到學理說明，你會更了解單純只看氣溫是無法了解問題的，唯有對這些理論有全面的掌握，才能以科學的方式診斷出高溫的成因，也才能對症下藥，提出最佳的退燒解方。

一、盆地蓄熱主導的都市高溫區分布

雙北市是盆地地形加劇都市熱島的典型範例。被雪山山脈及大屯火山群環繞的盆地，如同一個碗一般，太陽**輻射熱**及**人工發熱**都蓄積在盆地裡，涼爽氣流不易進入，熱氣也不容易散出去，造成又熱又溼的狀況。

雙北市在夏季氣溫常常比台灣其他都市來得更高，夏季夜晚月均溫顯示，台北市的萬華、中正、大同，以及新北的板橋、三重、永和，都位於盆地地形的中央，就像碗底一樣最容易蓄熱，再加上其典型的狹窄街道及密集建築物，就很容易形成高溫區，若與低溫區的南港及內湖比較，月均溫高出約2.3℃（如圖2-1）。

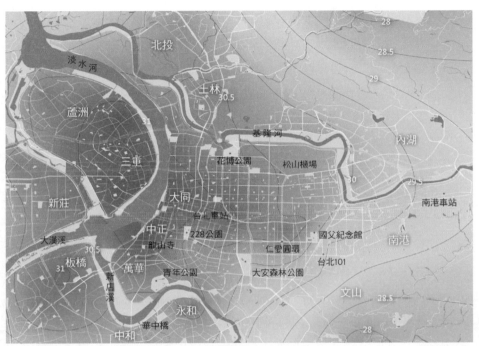

2-1

台北盆地夏季夜間平均氣溫。統計時間為 2020 年 7 月每天的 20:00-24:00。

綠地
水域

27.4
28.2
29
29.8
30.6
31.4
氣溫℃

以2020年6月29日下午1點為例，板橋的新北藝文中心附近及新北五股五權三路上最高溫為36.7℃，新北三重運動中心附近約36.8℃，萬華龍山寺附近最高溫為36.6℃，比位於低溫區的南港台北流行音樂中心的33.3℃，高出約3.5℃左右。

雙北市雖因盆地地形容易蓄熱，周遭的自然條件仍有調節氣溫的機會。舉例來說，盆地西北向及東北向的淡水河及基隆河，都有助於北投、南港、內湖溫度的降低，然而，流經盆地中央的大漢溪、新店溪、淡水河上游的兩側河岸，仍然高溫難降。由此可見，河谷引入的**涼爽氣流**確實對盆地周邊的蓄熱有減緩效果，但是在盆地中央的降溫效果卻不大。

2020年炎熱的初秋，BCLab攜帶精密的風速儀與媒體前往台北市與新北市交界的華中橋上，量測到新店溪上有超過3m/s的強風往下游的方向吹襲，然而，同樣的時段在相隔不到10分鐘車程的萬華龍山寺旁的西昌街上，狹窄街道上只測得低於0.5m/s的風速[1]。這顯示人為開發影響了原有的氣流，也是雙北市在盆地地形限制下氣溫居高不下的潛在關鍵。

二、受海洋調節的日夜移動熱區特徵

一旦都市市中心鄰近海洋，大面積水域就會對都市氣溫的分布有
比較明顯的影響，**台南市**就是一個典型範例。中西區為台南市最
早開發且高密度發展的區域，是火車站、百貨及主要商業區、密
集住宅區所在，理應為都市高溫化中心。然而從夏季日間月均溫
看來，最高溫是出現在較為內陸的東區、仁德、永康，沿海的安
南、安平、南區則氣溫較低（如圖2-2）。造成這個現象的部分原
因，乃是因為日間都市內陸高溫，陸地及海洋之間的明顯溫差導
致強烈的**海風**由西往東吹，使高溫空氣推移到較**內陸**的位置[2]。

如果選擇夏季某天的氣溫分布圖來看，這種海陸風現象對於日夜
間熱島影響更加明顯。這天清晨5點時台南的最高溫在安南區，早
上9點就快速移動到了內陸的仁德區，夜晚及凌晨又逐漸往沿海安
平區移動，形成一個循環移動的熱島（如圖2-3）。這種特殊現象也
與同樣臨海的東京都相同，也就是清晨起高溫往內陸移動，傍晚
後高溫又往沿海移動[3]。

雖然海洋有良好的**調節**作用，讓內陸的高溫在傍晚後能夠釋放而
不致累積，然而，當都市的內陸持續密集開發時，可能導致內陸
蓄熱量增加，更強的海風使高溫區往更深的內陸推，使得傍晚時的
高溫區無法回到沿海，則內陸將逐漸累積升溫，延續到隔天清晨。

這個現象不只在台南市內陸的仁德及永康出現，在高雄市的鳳山及仁武、台中的大里及霧峰、桃園市的八德，這些比傳統市中心更內陸的區域，也都出現了夏季午後的氣溫居高不下的現象。我們可以東京灣的熱島現象為借鏡：**東京**都會區夏季清晨最高溫的地點大約在距海10公里處的池袋、新宿一帶，但下午最高溫區則已深入到極為內陸的埼玉縣熊谷市、加須市一帶，與海岸線相距長達60公里以上，幾乎是台北與新竹高鐵站之間的距離。

2021年台灣經歷了半世紀來最嚴重的乾旱，5月中在長期無雨且受太平洋高壓偏強影響下，南部山區在中午就出現極高的氣溫，如台南市玉井40.4℃、台南市北寮40.5℃、高雄市內門40.3℃。這顯示在地型特徵與氣候變遷趨勢下，持續加劇的都市熱島現象可能造成中南部都市近山區的氣溫逐漸攀升。這意味著都市若往內陸或山區發展擴張時，都市的高溫化問題將更不容易受到海洋的調節，並可能導致民眾的高溫曝露風險提升，國土計畫法雖已揭示將因應氣候變遷及國家永續發展列為重要目標，惟各縣市的國土計畫法中，仍未充分考量高溫化對於空間發展與成長管理計畫及土地利用管制，實應提早提出都市內陸高溫化的因應對策。

2-2
台南市夏季日間平均氣溫。統計時間為 2020 年 6 月至 8 月每天的 10:00-14:00。

綠地
水域

30.5
31
31.5
32
32.5
33
氣溫°C

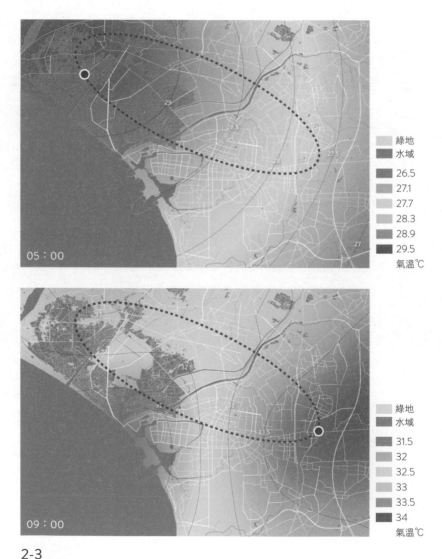

2-3
台南市全日高溫中心點移動現象。統計時間為 2020 年 6 月 13 日全日。圖中紅點為高溫
中心點，虛線為示意之移動路徑。

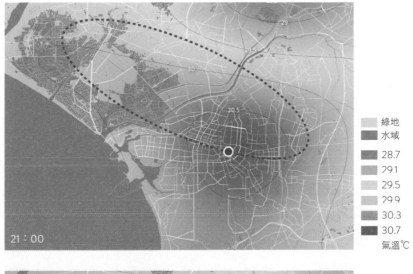

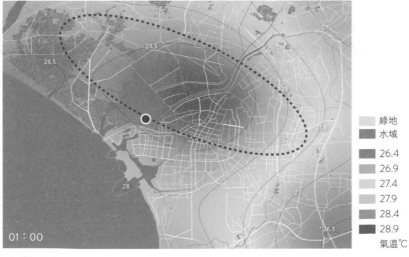

三、都市綠地調節下的局部降溫效果

密植樹木的大面積自然綠地固然是絕佳的降溫途徑，都市中人為開發的公園綠地也能有明顯的降溫效果。而且不只是公園綠地內部降溫，在一些條件配合下，降溫效果也能拓展至周圍街區。

在2020年7月24日，位於台北市中正區的中央氣象局台北觀測站在下午2時19分觀測到39.7℃高溫，打破歷史紀錄，為台北觀測站自1896年設站124年以來最高溫，當天萬華、中正、三重、北投都有超過38℃以上的氣溫。然而，若仔細觀察大安森林公園周圍，可以看出其氣溫約只有36.5℃，比東側的信義區（>37℃）及西側的中正區氣溫（>38℃）低了不少，可能就是大型公園產生的涼化效果。另外，一些鄰近河岸的大型公園，如基隆河旁的花博公園、新店溪旁的青年公園，以及大佳、美堤、彩虹等河濱公園，也有良好的降溫效果（如圖2-4）。

值得注意的是，有些高溫區中的公園，仍然無法達到良好的降溫效果，例如三重密集住宅區的小型公園，或是台北車站附近的二二八和平公園，仍然不敵周圍街區累積的熱量，氣溫依舊偏高。

2-4

台北市氣溫與綠地分布。統計時間為 2020 年 7 月 24 日 14:00。

▨	綠地
▨	水域
▨	32
▨	33.3
▨	34.6
▨	35.9
▨	37.2
▨	38.5

氣溫℃

綠化如果分布得夠密，且每個公園的面積夠大，將有助於都市的局部甚至是整體降溫。**台中市**夏季較高溫處通常出現在台中火車站附近的密集舊市區，或是更為內陸易蓄熱的大里與霧峰區，以及更北的潭子車站周圍的密集住宅區。而目前台中市目前發展最密集的區域，當屬位於西屯區國道一號東側的區域，由台中大道往東延伸接近舊市區的區域，包含客運轉運站、大型百貨公司、夜市、市政中心、商業大樓、以及密集住宅區。然而，長期的觀測數據顯示，這個區域的氣溫其實並不高，與郊區的溫差也有限（如圖2-5）。

如果仔細觀察，本區的公園設置的數量多，面積也大，也有多條綠園道及鐵道綠廊。除此之外，有八條河川（筏子溪、南屯溪、土庫溪、梅川、柳川、綠川、旱溪、大里溪）以東北／西南向流經此區域，恰與本區域長年的盛行方向接近。在這樣的條件之下，公園綠地有利於涼風的創造、河道則協助氣流的傳送，具有緩和都市高溫化的的潛力。

由此可見，公園及綠地的面積、位置及周遭環境，都影響了氣溫的分布及變化。有些都市原本臨近就有自然的綠地及河川流經，本身就有良好的降溫條件。而當都市中的自然降溫條件不足時，在面對全球暖化及都市高溫衝擊下，地方政府也應由都市降溫的觀點，來思考公園綠地的區位選擇及規劃設計。

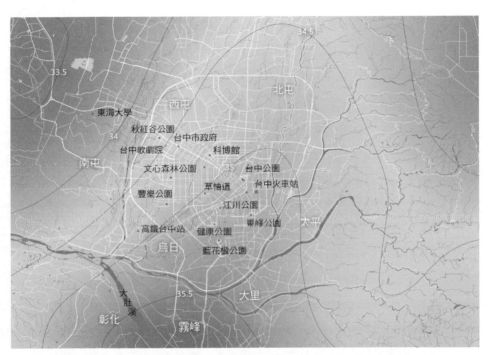

2-5

台中市氣溫與綠地分布。統計時間為 2020 年 7 月 13 日 14:00。

綠地
水域

33.4
33.9
34.4
34.9
35.7
35.9
氣溫℃

四、散布的埤塘阻斷熱島擴張與集結

都市中的河流、池塘、埤塘等水體，有助於調節周邊鄰近地區的
氣溫與溼度。其中**桃園市**因其境內星羅棋布的**埤塘**，有「千塘之
鄉」美名，過去農村社會時期，這些大大小小的埤塘扮演了儲水
灌溉的重要角色，亦有旱季缺水替代性水源、防洪、儲水、涵養
地下水等功能。除此之外，埤塘的優勢在於分布廣且水淺，在炎
熱期間具有良好的**蒸發**效果。在桃園市近年都市快速擴張下，埤
塘也扮演了關鍵的降溫角色。

從桃園日間平均氣溫分布圖可以發現，桃園市的都市熱島呈現雙
核心，主要位於中壢火車站以東、桃園區市區，及部分八德區。
埤塘分布密集的觀音、平鎮、大園區的氣溫比中壢、桃園區低了
約2℃左右（如圖2-6）。而在夜間局部的平均氣溫分布圖則顯示，
中壢及八德都有明顯的降溫，只剩桃園藝文特區及桃園車站的溫
度略高。由此可知，埤塘在日夜間對周邊都會區都有良好的氣溫
調節效果（如圖2-7）。

在六都之中，桃園是BCLab最後一個建置高密度氣溫量測網的城
市。原本認為桃園的發展較為分散，且有滿布的埤塘，並非都市
熱島觀測的首要選項。由實測結果看來，桃園市的都市熱島效應
目前尚不嚴重，但未來可能會面臨幾個挑戰。

首先，桃園及中壢兩區原本各自發展，然而，隨著桃園市總人口的持續成長，桃園及中壢兩區逐漸往外擴展，彼此的區隔已經漸漸不明顯，再加上目前連接此兩區的八德因位於較內陸區域，已有增溫的現象，原本位於兩區之間尚屬低溫的桃園醫院、內壢車站等區域恐將升溫，未來桃園、中壢、八德將連結成一個型高溫區。國外不少的研究顯示，當兩個小熱島連結成一個大熱島時，都市就像被罩了一個無形的大鍋蓋，周圍涼爽的氣流將更難以進入，造成都市市中心區高溫的問題更加嚴重。

其次，目前都市核心逐漸從中壢、桃園舊市區擴散至高鐵特定區、桃園航空城，因為大量的硬鋪面可能取代了原本自然的農地及埤塘，再加上因居住需求導致的空調與交通的發熱量，也可能讓這些區域的氣溫升高，使原本發生在桃園、中壢的熱島往西北方向擴張。

另一個隱憂則是，隨著城市發展及產業轉型，埤塘數量及面積正逐漸減少，其蒸發散熱的效果也會降低，這些均是桃園即將面對的高溫化挑戰。都市熱島的觀測，不只是要目前已經惡化的區域，更要關注未來即將開發的區域，才能超前部署，提出有效的降溫策略。

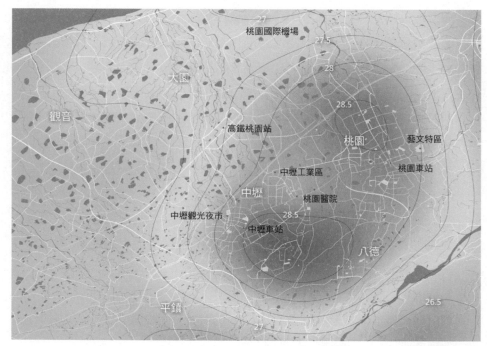

2-6

桃園市秋季日間平均氣溫。統計時間 2020 年 10 月 12 日 10:00-14:00。

綠地
水域

25.9
26.5
27.1
27.7
28.3
28.9
氣溫℃

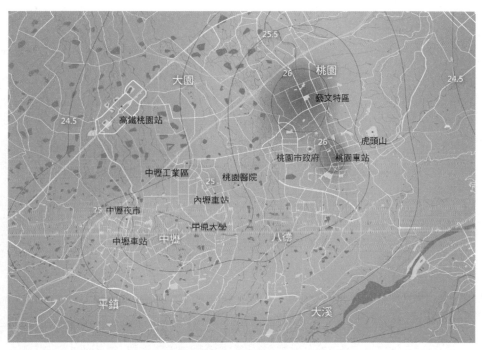

2-7

桃園市都會區秋季夜間平均氣溫。統計時間 2020 年 10 月 12 日 20:00-24:00。

綠地
水域

23.4
24
24.6
25.2
25.8
26.4
氣溫℃

五、都市發展型態影響高溫區的形成

過去台灣的都市常以火車站為中心向周圍發展，形成都市主要的
商業區，或是以工作及生活為核心所發展的住宅區。這些區域受
限於過去較保守的都市計畫與建築管理法令，形成一種建築物低
矮且密集、綠地與空地不足、街道狹窄的**舊市區**。而後，因都市
人口增加及發展空間受限，都市逐漸向外擴張，這些新興的重劃
區在較新穎的都市計畫、都市設計規範引領下，一方面可興建的
樓地板面積增加，但同時也增加了空地與人行道的留設，提升了
基地綠化及透水的性能，而形成建築物高聳、空地及綠化適度增
加、街道寬敞的**新市區**。

因為密集的人為活動，都市的高溫區常位於這兩類市區，然而，
舊市區因為建築及人工鋪面大量吸收太陽輻射熱，再加上空調與
交通等人工熱排放，街道又因狹窄而使風速降低，導致無法帶走
熱量，高溫化的問題往往更加嚴重。同時，這兩種市區類型也會
隨時間及法令而改變，例如舊市區可能透過都市更新轉變為接近
新市區的型態，新市區也可能因持續開發，終將成為另一個舊市
區。因此，隨著都市發展型態的差異，都市高溫區的形成、移
動、擴展也會產生改變。

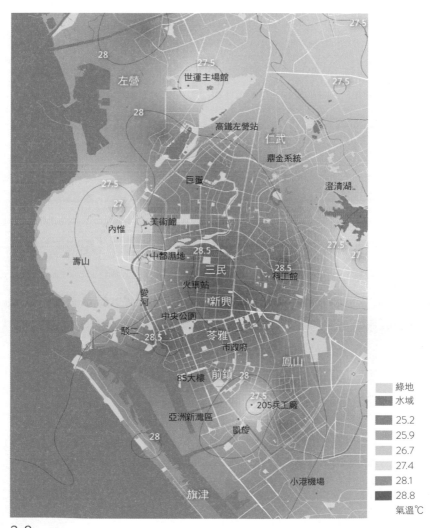

2-8

高雄市夏季夜間平均氣溫。統計時間為 2019 年 6 月至 8 月每天的 20:00-24:00。

例如，台南及桃園市的火車站前、台中的潭子與大里、台南的永康與仁德、台北市萬華及大同、新北市三重及永和，都是屬於舊市區形成的高溫，往往是該城市最熱的區域。而台北信義計畫區、新北新板特區商圈、台中新市政中心這類的新市區雖然氣溫較周圍略高，但與舊市區相比氣溫仍低一些。

然而，當新舊市區緊臨時，則極有可能造成兩者的高溫都無法消散，**高雄市**就有這樣的特徵。位於三民區的高雄火車站為舊市區中心，往南的新興、苓雅、前鎮及東南的鳳山區都屬密集市區，為氣溫較高的區域。而新興開發區如美術館周邊、中都重劃區、亞洲新灣區皆與舊市區相連，這些沿海區受到海洋、溼地、壽山影響，雖然對新舊市區有局部涼化效果，然而，一方面壽山**阻擋**了海風吹入更內陸的區域，再加上水域在夜間的增溫效果，導致新市區在夏季夜間的氣溫仍難以降低，並與舊市區相連而擴大高溫區範圍，目前更因高鐵車站周邊發展，高溫延伸到更北的左營區，而形成高雄市特有的一個南北狹長的高溫帶（如圖2-8）。

學理篇

輻射：
都市熱量的主要來源

我們的環境中充滿了各式各樣的輻射，太陽光就是其中一種。來自太陽的熱輻射，是影響都市微氣候最重要的因子，也和我們的生活環境品質息息相關。有些熱輻射是你看得到的，例如從玻璃帷幕大樓反射過來刺眼的太陽光，又或者樹蔭及騎樓底下有陰影，是因為樹冠和建築物遮蔽了太陽光。有些輻射是你看不到的，就像在密集大樓之間多次反射與吸收的熱輻射，以及在夜間持續釋放白天累積高溫的柏油路面的熱輻射。這些都是造成都市高溫並影響行人舒適性的關鍵。

一、從小房間了解熱輻射理論

太陽射出短波，加熱物質使表面升溫、釋放長波

不只是太陽，任何物體皆會發出熱輻射，**當表面溫度愈高，釋放的熱輻射就愈強**[1]。太陽表面溫度極高，會釋放出能量較強的熱輻射，我們稱為太陽輻射，因其波長較短也稱為**短波輻射**；當太陽照射在地表或物體上，會使它的表面溫度上升，釋放出能量較弱的**長波輻射**[2]。短波含有可見光，所以人眼能夠看得到太陽投射到地上的日光；但人眼無法看到長波，只有蝙蝠和蛇類才看得到（圖3-1）。

想像一個有大面天窗的房間中，太陽短波輻射**穿透**了玻璃投射到室內地面，有一部分短波被**反射**，繼續以**短波**的形式前進，再度穿透玻璃返回天空，或碰到天花板再次反射回地面。而其餘短波則會在房間內的地板、牆面、天花板之間來回反射並且被材料**吸收**，使表面溫度上升（如圖3-2）。室內較高溫的地板，會**放射**出較多能量的**長波**，並在室內進行多次的吸收及放射現象（如圖3-3）。值得一提的是，短波來自太陽，只有在白天的時候才有，而長波來自所有的材料表面，**不論白天或夜間都會釋放**。

材料對於短波及長波的相關特性，對於熱環境有極大的影響。短

3-1
太陽發出的短波人眼能夠看得到，材料吸收短波後表面溫度上升所釋放的長波，只有少數
動物才看得到。圖中直線箭頭表示短波，曲線箭頭表示長波。

波具有方向性，就像手電筒光線投射到鏡子一樣，反射光會和入
射光角度相同，且反射後其性質仍是短波。材料對於短波入射及
反射的比例稱為**反射率**（有些領域亦稱反照率），很黑的材料反
射率接近0，鏡子則接近1，數值愈高代表材料反射短波的比例愈
高。如果是不透明材料，那麼材料對短波的**吸收率**加上反射率等
於1，這代表進入材料的短波被反射後的剩餘部分，會完全被物體
吸收。也就是說，當材料反射率愈低，就會吸收愈多太陽熱量，
造成高溫化問題。

長波則無方向性，就像石頭掉入水面產生漣漪一樣，長波會由物
體表面往四面八方放射。我們以**放射率**來定義材料在特定波長及
溫度下輻射放射的效率，數值愈高代表放射效率愈好。但比較特
殊的是，材料對特定波長的吸收率恰等於放射率[3]，也就是物體對

長波吸收效率愈好，其放射的效率也愈好。標準的黑體其放射率
為1，代表100%地吸收及放射輻射。地球上除了少數表面光滑的
物體之外，大部分物質的放射率都在0.9至0.95左右，差異不大。

長波輻射會加熱空氣使氣溫上升

短波與長波對表面溫度及空氣溫度的影響也截然不同。短波能量
很強，被物體吸收後表面溫度會快速上升，然而，它的特性是幾
乎不會加熱空氣，如果能在第一時間被高反射材料反射回天空，
對都市蓄熱的影響其實不大。相反的，長波能量雖弱，對表面溫
度的增加並不明顯，但它的問題便是會加熱空氣，使空氣溫度上
升，不能輕忽。

讓我們再回到這個房間，看看長短波輻射如何聯手影響表面及空
氣溫度。在這個房間的天窗下方因為有太陽短波抵達，這些短波
會在室內複雜的地面、牆面、屋頂、傢俱之間來回吸收及反射，
提高材料表面溫度。材料溫度上升後會放射長波，並在材料之間
來回吸收及放射大量長波輻射，並加熱空氣，使空氣溫度也持續
上升。相對的，陰影區因為有不透光屋頂面的阻擋，或天窗上遮
陽板及戶外植栽的遮蔽，所以接收到的短波極少，使得表面溫度
較低而減少了長波輻射，空氣溫度會比較低，由此可知，陰影對
於表面溫度及空氣溫度降低十分重要！

3-2

白天房間內的短波輻射示意。圖中的短波在反射後線條變細，是暗示部分能量已被材料吸收。白天室內仍有長波，為了避免圖面複雜故未繪出。

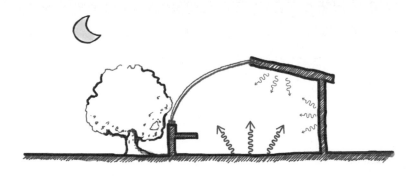

3-3

夜晚房間內的長波輻射示意。圖中地板釋放長波以較粗的線條呈現，即暗示了地板白天的吸熱量比天花板及牆面高，因此表面溫度較高，會釋放出更多能量的長波。室內所有材料均會釋放長波，圖中只繪出一部分長波示意。

二、地球熱輻射與溫室效應

如果把地球想像成前述房間的延伸，這個大房間的隱型屋頂及
牆壁——即大氣層中的氣體（氮、氧、二氧化碳……）、液體
（雲、雨）、固體（粉塵、懸浮微粒）等，再加上它變化萬千的
地板——即冰層、陸地、森林、海洋、河川等，決定了輻射在大
氣層內的穿透、反射、吸收、放射等變化。

太陽輻射進到大氣層後，對於生物危害較大、波長最短的一部分
紫外線，會被氧氣及臭氣吸收，抵達地表的短波包含其它紫外
線[4]、可見光[5]，以及紅外線[6]三個部分。在到達地表的過程中，
雲就像地球這個大房間的高反射窗簾，可將大量的短波反射回到
外太空[7]。如果我們將太陽進入大氣層的全年平均輻射能量當作
100%，其中大約有22%的短波會被大氣反射回外太空。短波輻射
繼續往下到達地面時，會受到不同地表材料的反射率影響[8]，大約
有7%的短波會被地表反射回外太空（如圖3-4）。合計有29%的短波
被大氣及地表反射。

而剩餘的71%短波輻射則被大氣和地表合力吸收，如同小房間的
牆面、地板接收到短波後表面溫度會上升一樣，地球的大氣及
地表也會升溫並釋放長波輻射量。這些長波輻射中，10^{-4}奈米以
上的長波輻射幾乎都會被水蒸氣吸收，其它像二氧化碳、甲烷

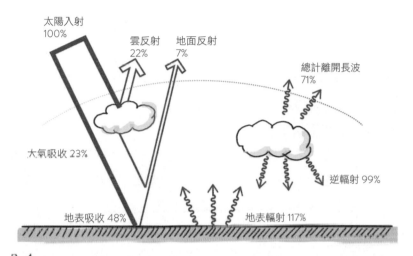

3-4

大氣與地表之間輻射能量循環，地球溫室效應讓地表氣溫得以維持在 15℃。左側為短波的
平衡，右側為長波的平衡，各類輻射的百分比是其與太陽進入大氣層的全年平均輻射能量
340.4 W/m² 的比值。

（CH₄）、氧化亞氮（N₂O）、臭氧等也都會吸收特定波長的長
波輻射。然而，就像之前小房間提到地板與牆面之間重複的吸收
及放射長波過程一樣，這些氣體吸收了長波輻射後還會再向地表
放射長波輻射，亦即逆輻射[9]。這種大氣和地表之間輻射能量的
重複應用，是十分高效率的能量循環，可讓地球氣溫提升，這個
現象就稱為**溫室效應**[10]，而上述這些氣體我們就稱為**溫室氣體**[11]。
溫室效應使地表的氣溫維持在15℃，若沒有大氣，地表溫度將會
是-18℃。也就是說，溫室效應的*存在*，讓地球保持一個生物能生
存的環境，具有其重要性。

然而,隨著工業化發展,人為排放的溫室氣體急劇增加,也強化了上述大氣和地表之間輻射能量循環。IPCC氣候變遷的報告也指出,人類活動排放的溫室氣體是造成當前地球暖化之主因。這顯示出,溫室效應原本是讓生物得以生存在地球的利器,如今卻轉變為造成環境衝擊的殺手。這對於都市熱島這個議題,具有兩種意義。首先,隨著都市熱島問題的惡化,包含地貌改變造成**地表反射率降低**,以及**人工發熱增加**時也可能連帶使溫室氣體排放增加,這都會增加地球暖化的問題。再則,地球暖化可能造成未來市區與郊區的溫差更大,也可能使市區與郊區的整體溫度都上升,這都將使都市熱島的問題更加複雜及惡化。由此可見,都市熱島與全球暖化是緊密相依的議題,當我們解決都市熱島問題的同時,也有助於全球暖化的減緩。

三、影響都市日間升溫的短波輻射

我們一開始從微觀角度,以小房間為例來了解長短波輻射與表面/空氣溫度的關聯;再從巨觀角度,由地球輻射平衡了解地球表面與大氣間的輻射交互作用,接著將帶領大家到熱島重點場域──都市的輻射特徵,來了解它究竟和自然環境或郊區有什麼不同。

短波的兩種行進路徑和特性

進入都市的太陽短波，可以依其行進的路徑分成兩種。太陽發射出的短波，就像太陽朝著地球連續不斷投出含有熱量的小球，如果一路上沒有阻礙，這些小球會筆直地抵達地面。這些來自太陽方向，且不受阻礙直接到達地表的日射，我們稱之為**直達日射**。然而，大氣層中有雲、霧、灰塵等，就像小球會在物質間來回碰撞一樣，日射會經由多次反射而來自四面八方，稱之為**漫射日射**。你站在強烈的日射下，會同時接收到直達及漫射的日射量，但若移到涼亭內的陰影處，就只剩來自周圍較弱的光線，這就是漫射日射量[12]。

都市化會造成直達及漫射日射的特性產生改變。**都市化過程**中會因為交通、工業人為氣體排放，使大氣中的灰塵及懸浮微粒增多，雖然會些微提高大氣的反射率，使抵達地面的直達日射量減少，但日射也會多次在灰塵及懸浮微粒之間來回反射，導致天空的漫射日射量增加。進入都市後因人工構造物的阻礙多且密集，會在街區造成二次漫射作用。對都市而言大量的漫射日射是**不利**的，它意味著有許多短波會在建築物之間來回碰撞。就像小球每次撞擊到物體後，能量會轉移且彈射力道就會減弱的現象一樣，漫射日射量在每次撞擊物質的過程中都會把一些熱量傳遞給這些物質，使都市中更多的表面，如廣場道路、建築牆面屋頂的溫度持續上升。在都市之中，排除這種漫射日射最好的方法就是要提

早預防它的形成，因為一旦形成就很難排除，將會造成都市的熱量蓄積。

短波的入射反射行為與材料的關係

當短波抵達都市環境中，如果是投射到一個空曠且周圍無阻礙的地面上，材料反射率是熱量傳遞的關鍵。反射率愈大，日射返回天空的機會愈大，可將熱量帶離地面。自然界的物質反射率普遍較高，例如雲反射率達到0.8，地表自然材料如森林、草地、水體的反射率大概都有0.25以上，都市中的人工材料如屋瓦、紅磚、混凝土都在0.15以內，顏色愈深的反射率愈低，瀝青反射率在0.1以下，代表太陽九成的熱量都被它吸收了（圖3-5）。

如果短波是投射到植栽上，則其冠幅、枝下高、樹高、枝葉密度都會影響直達短波進入的狀況。以一棵冠幅大，枝下高小，枝葉茂密的喬木而言，**樹蔭**下幾乎沒有直達日射，僅有部分的漫射日射。**樹頂**因為樹葉普遍反射率高，可將較多的短波反射回天空。

短波若投射到建築物，則有較複雜的入射及反射行為。投射到牆面的短波會反射至地面再返回天空，投射至建築鄰近地面的短波也會反射到牆面再返回天空，再加上牆面材料不一，實牆面會吸收短波熱量，玻璃牆面則會讓短波穿透進入室內，將熱量累積在

3-5
日間短波輻射在空地（左）、植栽（中）、建築（右）的入射及反射特性。

室內。屋頂因為是建築物水平構件，日射會透過反射直接回天
空。沒有被短波投射到的牆面就會形成陰影面，且會延伸至旁邊
地面[13]。

高反射材料的迷思

由上面的描述來看，你也許會認為，如果能提高都市水平表面
（如道路、廣場、屋頂）的反射率，不就能將大部分短波都反射
回天空嗎？目前國外有些綠建築或節能指標系統，的確是把高反
射的屋頂及鋪面，列入其評估指標中，也有不少高反射的塗料標
榜只要漆在屋頂上，就可以輕鬆地解決都市熱島的問題。然而，

低矮建築物的屋頂如果鋪設高反射率材料，則屋頂反射的短波可能會被鄰近建築物吸收，反而增加都市的蓄熱。在台灣，新舊建築常共存於都市之中，建築物高度不一，且建築密度極高，屋頂的高反射性容易造成短波在建築群中重複反射及吸收，使**建築物蓄熱**問題更為嚴重。另外，高反射材料若鋪設在人行道上，反射的短波將會被**人體吸收**，影響行人的熱舒適性。因此，都市中不應輕率地以使用高反射率的人工材料或塗層，來解決都市熱島的問題，使用時應審慎評估周圍環境特性，以免適得其反，造成都市高溫。

四、主導都市夜間升溫的長波輻射

都市材料在日間吸收短波後，表面溫度將提高並釋放大量長波，使空氣溫度升高。在白天時短波的能量甚大，長波放射與之相比顯得微不足道，因此以下將以夜間為例，說明都市中的長波輻射狀況（如圖3-6）。

在夜間時，長波要發揮的功能就是將白天累積在材料的熱量釋放到天空。就像冷氣的室外機若擺放於開闊的空間能有助於散熱一樣，當一個地點平坦空曠、天空中的阻礙物愈少時，即使日間這裡的短波吸收量大，表面溫度高，但是長波輻射在夜間能有極高

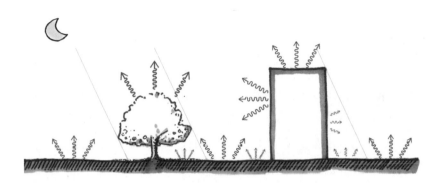

3-6
夜間長波輻射在空地（左）、植栽（中）、建築（右）的入射及放射特性。

效率的放射效果，將熱量釋放回天空，加快地面降溫，空曠郊區
這個現象很明顯。舉例來說，我們常在氣象報導聽到的「嘉南平
原因為**輻射冷卻**的影響，導致清晨出現極低溫」，就是這個現象
所造成。

而夜間公園**樹蔭下**的地表及空氣溫度，有時反而會比空曠處來得
高一些。雖然白天時樹蔭下的地表只接收到少量的漫射日射，地
表溫度比空曠處低。但夜間樹蔭下的地表放射出的長波輻射會受
到樹冠阻礙，無法順利地到達天空，熱量釋放效率不佳，就會導
致樹蔭下的降溫效果不如空曠處那麼好。

而建築物的長波輻射特性，則與不同部位的開闊／遮蔽程度有密切關係。屋頂的開闊性最好，因此有很好的長波放射效率，散熱最快。建築牆面和其鄰近地面的長波輻射，則會在彼此之間反覆放射吸收，使熱量無法有效釋放。如果一面外牆及其鄰接地面在白天時長時間曝晒在太陽下，那麼它夜間所放射的長波輻射就會比陰影處的外牆及地面高出許多。傍晚時我們走在緊鄰建築的人行道上，會感受到牆面的**熱氣襲來**，就是長波所造成的。

五、複雜街區日夜長短波輻射變化

由前兩節的內容可知，一個地點的遮蔽程度充分地影響了輻射的吸收、反射及放射，因此，需要建立一些方法來評估該地點的遮蔽程度。想像你站在都市中的某個位置抬頭往上看，天空會被周圍的建築物或植栽遮蔽，我們將天空占整個視野的比例稱為**天空可視率**（SVF），0代表天空完全被遮蔽，而1代表視線內的天空完全不受遮蔽（如圖3-7）。天空可視率雖然能精確表達天空受遮蔽的程度，但需要以視角接近或等於180°的魚眼鏡頭朝天空拍攝後進行分析，量測的流程較為複雜。另一種方式是使用**街道高寬比**──即街道兩旁建築物高度（H）與街道寬度（W）的比例──來描述密集都市中類似峽谷的街道幾何型態，H/W較高的（例如大於2）稱為深街谷，較小的稱為淺街谷。白天及夜晚的現象也

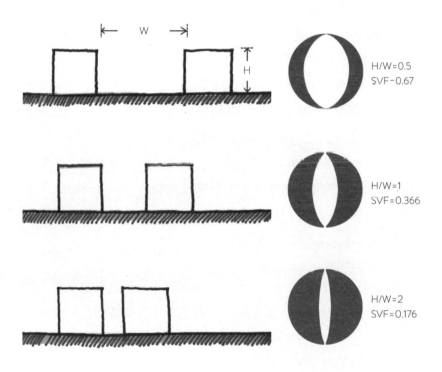

3-7

不同遮蔽程度的街道剖面、魚眼鏡相片、及其對應的高寬比（H/W）及天空可視率
（SVF）。相較之下，上排可視為遮蔽性較低的淺街谷，下排則為遮蔽性較高的深街
谷。

會截然不同。

白天時，太陽短波進入到淺街谷型的街區中，因為建築物間距較大，或空地較多，就像你把一個個小球丟到零散地擺放了兩三個箱子的地面一樣，短波很容易投射到牆面及街道，但也易於反射回天空，通常只要反射一兩次就會返回天空。然而，如果短波是進入到深街谷型的街區中，因為建築物彼此間距較小，就是地上的箱子又密又多，輻射不太容易投射到牆面及街道，但一旦進入，就會在建築物之間多次來回反射（如圖3-8），每次的反射也會被牆面及道路吸收一些熱量，使外牆及道路表面溫度逐漸上升。因此，淺街谷的**平均反射率**會比深街谷高，反射到天空的短波輻射較多，吸收的熱量也會比深街谷少。

夜間時，淺街谷的地面將長波往天空放射時，因阻礙物不多，能量釋放的效率很好，表面溫度及空氣溫度都能有效降低。反觀深街谷，當這些長波輻射要往天空釋放時，則會受到阻礙，街道面放射的長波可能又被旁邊的牆面吸收，並且再度將這些長波反向放射。這個狀況就很像地球溫室氣體的逆輻射現象一樣（本章第2節），街道和建築之間輻射能量重複應用，熱量會蓄積在街谷之中而無法排除。因此，淺街谷釋放長波輻射的效率會比深街谷好，較容易降溫。

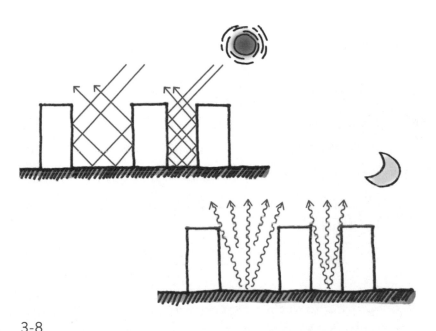

3-8
不同遮蔽程度的街道在日間短波（上）及夜間長波（下）的比較。左側為遮蔽程度較低的淺
街谷，右側為遮蔽程度較高的深街谷，顯示淺街谷較有助於都市降溫。

如果由一整天的熱平衡來看密集都市中常見的深街谷型態街區，
白天人們行經這類型街區時，因為太陽的直達日射較少，短時間
內你也許會覺得舒適，但事實上短波一直在密集建築物之間來回
反射吸收，大量熱量被混凝土、柏油這些高蓄熱人工材料吸收，
所以其實不利於長時間停留。尤其到了晚上，這些熱量又無法有
效釋放到天空，就會形成都市中的高溫區。前述台灣幾個都市熱

島現象的高溫熱點,如台北萬華、新北三重、台中大里、台南舊城區,都可歸因於這類深街谷型態所造成的問題。

因此,若利用深街谷這類高遮蔽特性來提供日間街道的行人舒適性,代價實在太高。都市中應該要盡可能降低樓高,或增加路寬,來創造淺街谷的型態,才能有利於熱島降溫。但為了要彌補淺街谷白天直達日射容易進入,導致舒適性不佳的狀況,則可以自然植栽、輕量化且不易蓄熱的遮蔽物來阻擋日射量,這個做法在第9章會有更詳細的策略說明。

4

學理篇

氣流：
流暢的熱量轉移

太陽輻射加熱了地表，但因為受熱不均產生溫差，空氣就會由低溫往高溫流動而產生了氣流，如不同季節的風向、日夜的海陸風、公園吹至街區的涼風。然而，都市中的高密度建築物阻擋了這些自然界賜予我們的氣流，難以帶走都市中蓄積的熱量，也降低了行人的熱舒適性。本章將揭開風的神秘面紗，告訴你風從哪裡來，以及風進入都市後會產生什麼變化。

一、從廚房冰箱了解風的來源及效益

溫差造成壓力差，產生由低溫流向高溫處的氣流

一個封閉無開窗的廚房裡有一個冰箱，當時壓縮機沒有運轉，也就是冰箱內有靜止的冷空氣，廚房裡則布滿了高溫的熱空氣。當冰箱門打開時，你會看到冷風往地面下沉流出，你看得到是因為冷空氣遇高溫而凝結成細水滴，事實上你看不到的是，冰箱旁地面的熱空氣也在同時間上升了（如圖4-1）。這是因為地面溫度高，加熱了地面上的空氣。這些熱空氣因為膨脹所以密度降低而上升，使地面氣壓降低，而冰箱內布滿的冷空氣，密度高且氣壓較高，兩處空氣因為溫度差而造成壓力差，壓力差使氣流產生運動，空氣從壓力大的地方流向壓力小的地方，或是你也可以簡化為空氣從溫度低處流向溫度高處，所以你就看到了冰箱的冷空氣往地面流出。

上述這種**壓力差**或**溫度差**所產生的空氣流動，若是在**水平面**流動，稱之為「風」，如果包含了熱空氣上升，涼空氣下降等**垂直面**的運動，則稱之為「大氣環流」。大至地球，小至街廓，這些空氣流動的現象無所不在。

4-1

溫度差將造成壓力差，使冰箱內部低溫高壓的氣體流至廚房高溫低壓的地面。大至地球，小至街廓，空氣的自然流動都是依此原則而產生的。

風是熱交換的利器

風是熱交換的利器，我們可以從兩個觀點來理解。第一是**流體和流體之間的熱交換**。空氣就是一種流體，涼空氣吹到一個氣溫較高的地方，會和熱空氣混合，讓氣溫降低。就像你把冰水注入熱水中，會變成一杯溫水的道理是相同的。第二是**固體和流體之間的熱交換**[1]。當涼風吹過較熱的物體表面時，因物體的表面溫度高於空氣溫度，熱量就會從物體表面傳遞到氣體中，而這個機制會逐漸降低物體表面的溫度，使其釋放的長波輻射逐漸減少，不再加熱空氣。

上述熱量在固體和流體之間傳遞的速度，即為熱對流速度。當對流速度愈快，降溫的效果就愈快愈好。有幾種因素會影響這個熱

對流速度，首先是流體的種類、流向、流速，例如水就會比空氣的熱對流速度快，高風速也會比低風速快。再則是固體和流體的「溫差」，溫差愈大，熱對流的效果愈好。

二、地球的大氣環流：主環流與次環流

主環流：台灣位於東北信風帶

地球接收到太陽巨大的熱量，再加上地球傾角的特性，造成地球表面因為受熱不均勻，靠近赤道的區域地表溫度較高，因此會有一股強大的氣流由地面往上抬升，形成赤道地表的低氣壓。就像廚房和冰箱的關係一樣，高壓冷空氣從鄰近地方流入高溫區的地表，而高溫區上升的熱空氣，又會流向低溫區的高空處，再下降至低溫區的地表，再流向高溫區的地表⋯⋯如此往復循環的氣流活動，我們稱之為**主環流**。緯度0度的赤道到南北緯度30度之間，是哈德里環流圈，與其對應的地表風帶稱為信風帶。若以赤道為分隔線，赤道以北及以南的信風帶，理應吹北風及南風（即吹向赤道高溫區的風向），然而，受到地球自轉產生科氏力的影響，使風向產生偏斜，這使得赤道以北吹起**東北風**，赤道以南則吹的是東南風。而赤道上幾乎無風，故稱為赤道無風帶，如新加坡、吉隆坡都是位於低風速區域。而台灣的緯度約在北緯22度至25度之間，也就是位於東北信風帶內，富含通風的潛力。

次環流：季風影響了台灣各季的風向

然而，你可能也注意到，台灣並非全年都吹東北風，這時我們必須進一步看**次環流**的影響，季風就是典型的例子。季風的形成主要是因為海洋和陸地的比熱不同，而造成空氣的流動。因為陸地比熱比海洋小，代表陸地的吸熱及散熱能力比海洋強，這造成了夏季時風會由海洋（溫度低、氣壓高）吹向陸地（溫度高、氣壓低），冬季則反向由陸地吹向海洋。亞洲是地球上面積最大的一塊陸地，內陸在夏季受到太陽照射會迅速升溫，形成一塊廣大的低壓區，使得印度洋上之空氣吹向陸地，這種氣流在亞洲被稱為**西南季風**，對亞洲的南部和東部影響特別明顯[2]。因此，台灣在夏季盛行西南及東南風，冬季則在大陸高氣壓影響下吹東北風。除此之外，台灣地形複雜，各地受到當地地形的影響也極大。但整體而言，冬季季風期間仍比夏季季風長，風速也較強[3]。

三、在地的局部環流：海陸風及山谷風

海陸風

接下來是比主次環流影響的區域再小一點的區域，在日夜溫差大的小範圍區域，或是特定的時節與區域，會看到**局部環流**的現象出現。最常見的就是海陸風，白天時陸地被晒得很快升溫，而水

的升溫較慢、溫度較低,因此風由海洋吹向陸地(如圖4-2);而夜晚時,水的降溫較慢,陸地則快速降溫,這時海洋的溫度反而比陸地高,因此風由陸地吹向海洋。

山谷風

另一個山谷風也是類似的狀況,白天較高的山坡直接受到太陽直射,溫度較高,而較低處的河谷則因為陽光被遮擋,溫度較低,所以風會由河谷吹上山坡。而夜間因為山坡空曠,輻射冷卻的效果較好,山坡可以較快降溫,這時河谷的散熱較慢,溫度較高,所以風會由山坡吹下河谷。

焚風

另外,焚風也是一種典型的局部環流。當來自海洋的熱溼氣流吹到山脈而被抬升時,氣溫會逐漸降低,在高空處達到其露點溫度,空氣中的水分凝結成雲,或是降雨在迎風面,使得空氣變得乾冷,當這氣流繼續翻越山脈並下降時,溫度會因受壓而逐漸上升,造成背風面吹起既熱又乾的風,所以又稱為火燒風。在台灣中央山脈以東的台東,夏季會有高達38℃以上的焚風出現,中央山脈以西的新竹也偶有這樣的現象發生。

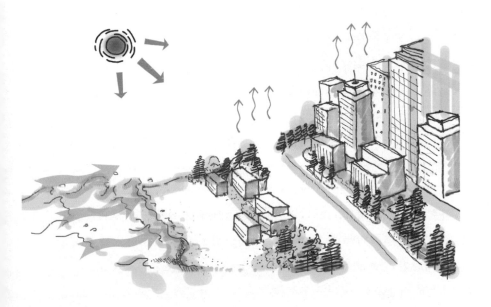

4-2

海風是局部環流明顯的例子，日間陸地及城市表面溫度較高，海面溫度較低，因此會由海面吹向陸地，都市的高溫化會促使海風變得更強。

四、風進入城市後的風速變化

想像一下，你從距地面1000公尺的空中拿著風速計緩緩下降到一個地勢平坦的海岸地區，一邊記錄風速。一開始，你注意到水平風速並不會隨離地高度的變化而有太大改變，直到進入距離地面200公尺以內的高度時，你發現隨著高度降低，風速也逐漸遞減。你再繼續下降，愈接近地面時風速愈小，當你站到地表時，你量到的風速遠小於高空的風速[4]。

在距離地表高度200公尺處，是**大氣邊界層**的範圍，在此處量到的風速稱為**邊界層風速**[5]。大氣邊界層以外的高空風速不太會受到地面的影響，而靠近地表的風速則會隨著高度降低而逐漸遞減。

然而，大氣邊界層的高度會隨著區域地況特性而有所不同，例如，市郊或小市鎮的低矮住宅區，邊界層高度會提高到400公尺，大型市中心區則達到500公尺[6]。這也代表了高樓愈密集的都市，邊界層高度愈高。間接地影響到距離地面1.5公尺處的**行人層**風速，而都會區高樓建築物的阻礙效應又使得地表的風速小於空曠地區的風速（如圖4-3）。

上述這種都市及郊區在邊界層高度及地面的風速差異，其原因就在於地表的粗糙程度。當風由平坦的郊區吹向粗糙的都市，就像

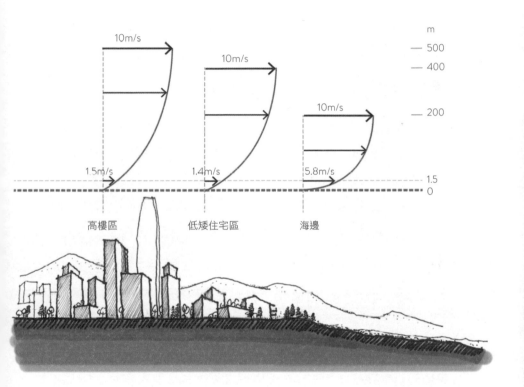

4-3

不同地貌狀況下的風速剖面，建築物愈高聳密集的地區，大氣邊界層高度愈高，代表風速
在很高的位置就開始隨著高度下降而遞減，這也使得高樓區行人層風速，將明顯低於低矮
住宅區及平坦的海岸。

是水從光滑平整的地面流向凹凸不平的粗糙地一樣，流速就會降低。我們常以**粗糙長度**來描述地表粗糙的程度，在大型市中心區，粗糙長度約為3公尺，代表地表非常粗糙，低矮住宅區的粗糙長度約1.5公尺，地勢平坦區大概只有0.01公尺左右[7]。

依照前述對海岸、市郊、市中心的定義，在一些假設前提下[8]，如果三處的邊界層高度風速都是10m/s，那麼它們的行人層風速分別為5.8、2.4及1.5m/s，表示市中心的風速約只有市郊的64%，海岸的26%而已。這顯示密集開發的市區風速極低，不僅影響都市的對流散熱，也影響行人的**熱舒適性**。

五、複雜街區內的風速變化

在上一節中提到，海岸、市郊、市中心的三種地貌的粗糙長度，是依照當地建築物的平均高度換算得來的，以進一步預估行人層可能的風速。然而，除了建築物高度之外，建築物的間距及空地分布狀況，也是風速大小的關鍵。為了便於說明這個現象，以下設定了幾種情境[9]，其中建築高度（H）都相同，但建築物間距或道路寬度（W）不同，亦即每種情境有不同的H/W比（同第3章第5節），藉此來觀察氣流的差異（如圖4-4）。

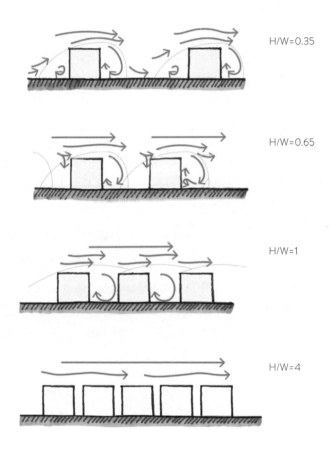

H/W=0.35

H/W=0.65

H/W=1

H/W=4

4-4

不同街道高寬比情境下的氣流示意圖。當建築間距愈小時，氣流將愈不容易
進入街谷，容易造成高溫且不舒適的狀況。

當建築物間距很大時（如H/W=0.35），建築物下風處形成的尾流型態完整，幾乎和單棟建築物相同。這顯示風可以順利流經兩棟建築之間，使氣流和建築物的接觸面積大，能夠有效將建築及空地上蓄積的熱量帶走。

而當建築物間距略減（如H/W=0.65），上風處建築物尾流與下風處建築迎風面渦旋有部分重疊，這將導致空地上的風速較不穩定，散熱的效果略降。當建築物間距再繼續減少時（如H/W=1），屋頂上方的氣流會躍過建築而難以進入街道峽谷內，進入街谷的風則會與主要氣流分離，且風速降低。如果建築物極端緊密且棟距狹小，風幾乎無法進入街谷之中，行人層將會呈現**無風**的狀態。

都市建築的實際型態比上述的情境又更加複雜，實際的風場都會偏離理論模式之預測，可以採用計算流體力學（CFD）來做後續研究，或採用風洞實驗進行試驗。

5

學理篇

平衡：
留在都市中的熱量有多少

除非從都市的熱平衡來解釋，否則僅從單一面向來看都市熱島是毫無意義的。

大型住宅開發案若規劃了大面積綠地雖有利於降溫，但大量住戶也將增加空調排熱；沿河岸的建築若加大棟距將有利於空氣對流，但堤外柏油停車場可能加熱了河面上吹來的涼風。本章將由都市熱平衡的角度，將所有進入都市，以及返回天空的熱量整體說明，才能找出城市的高溫病因，對症下藥。

一、從洗手槽的蓄水理解都市熱平衡

探討都市熱平衡前要先界定探討範圍，也就是這個「都市系統」
的邊界。水平範圍即是要探討的都市區域，垂直範圍則由其地底
下方的土壤，向上延伸到地面上方大概100到300公尺左右[1]。在這
個系統內包含了**實體**的部分，如自然的土壤、水域、植栽，以及
人工的建築、鋪面、道路、交通工具。還包含**虛體**的部分，即大
氣及室內空氣。

有些熱量會進入系統，有些會流出系統。如果把都市系統比喻成
洗手槽（如圖5-1），淨輻射量（Q*）及人工發熱量（QF）就像水
龍頭流出的水一樣，持續流入都市系統中，而顯熱傳遞（QH）及
潛熱傳遞（QE）這兩種**散熱**方式就像排水口的功能，能將能量流
出系統外，同時也需考量在都市周邊是否有其它水平對流熱變化
（ΔQA），使熱量流入或流出系統。把上述五種進出的能量相加
減，就可得出系統中蓄積的熱量，稱為都市的蓄熱量（ΔQS）。
當流入的熱量高於流出的熱量時，蓄熱量就為正值，就像水槽內
累積的**水位高度**一樣，熱量會蓄積在系統中[2]。這些熱量可能蓄積
在系統內的實體及虛體中。但不論存在何處，均會直接或間接，
或快或慢地讓都市的溫度提高。因此，當蓄熱量愈高時，代表都
市熱島的潛在威脅較大。

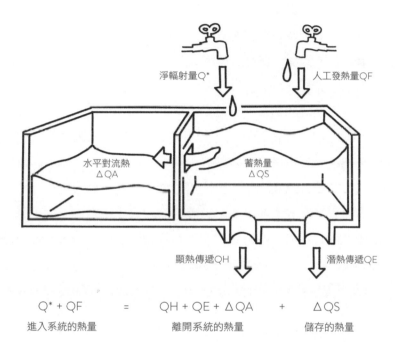

$$Q^* + QF \quad = \quad QH + QE + \triangle QA \quad + \quad \triangle QS$$

進入系統的熱量　　　　　離開系統的熱量　　　　儲存的熱量

5-1

都市熱平衡時的蓄熱量，就像洗手槽的入水及出水達成平衡時蓄積的水量，當
流入的熱量比出去的熱量多時，就會形成蓄熱而導致都市高溫。

上述提到的**淨輻射量**，是指進入到都市系統內的輻射（含短波及長波）扣除離開系統的輻射後所得的淨值。淨輻射量愈大，代表有愈多的輻射熱量蓄積在系統中。而**顯熱**與**潛熱**的傳遞均與風及對流有密切的關係，依材料乾燥或溼潤的特性來採取散熱的方式（在本章第2節會詳細說明）。而**人工發熱量**是除了自然的輻射量外唯一進入系統的熱源，也是都市發展下人類生活、工作、移動等行為的必然結果重要特徵（詳見本章第3節）。**水平對流熱變化**，是指這個都市系統可能鄰接一個較涼的綠地及水域，而流出熱量，使系統蓄熱量降低；但也可能鄰接一個更熱的工業區及市鎮，而流入熱量，使系統蓄熱量升高。善用水平對流熱變化將對於都市降溫有所幫助，例如上風處的綠帶將有助於下風處的市區降溫，我們將在第8章第3節中進一步說明。

二、乾燥及溼潤材料的散熱

你手裡拿著一個大型馬克杯，盛滿了剛煮好的咖啡，滾燙得難以入口，你仔細地觀察它是如何散熱降溫的（如圖5-2）。首先，咖啡將熱量**傳導**到馬克杯的內緣，杯子很薄，熱量很快地傳到馬克杯的外緣讓表面溫度升高，你的手觸碰到杯子表面溫度可能達到50℃，這比外界的空氣溫度高出甚多，因此空氣會透過**對流**方式將杯子外緣的熱量帶走。另外，咖啡是高溫的液體，你也會看到

5-2
咖啡杯的散熱是都市散熱的縮影，包含了傳導、對流、及蒸發的熱傳遞現象。

表面會有明顯的**蒸發**現象，大量的水氣從咖啡的表面徐徐上升，
也同時把熱量帶走。你還會發現，當你用風扇吹拂馬克杯，或是
嘴巴對著咖啡吹氣，都能讓咖啡**加速降溫**。

這杯咖啡的散熱過程，非常類似都市環境中的散熱方式。都市中
乾燥表面——如建築、人工鋪面的散熱，就像熱量從馬克杯外緣
傳遞到空氣中；而都市中的溼潤表面——如綠地、水域的散熱，
就像熱量直接由咖啡表面的水氣直接蒸發到空氣中；而都市中較
高的風速，更是加快散熱的利器。以下就由都市中物質及材料乾
燥或溼潤的特性，來描述都市如何散熱。

乾燥表面的緩慢熱釋放

當輻射熱被建築物的牆壁吸收,或是戶外空氣溫度較高,牆外側的表面溫度會逐漸升高,牆壁兩側的溫差會使熱量從高溫的牆外側傳遞到低溫的牆內側,使室內氣溫上升。這種靠著介質間接觸,將熱量由高溫處傳遞到低溫處的熱傳遞行為,稱為**熱傳導**[3],並用熱傳導係數來描述材料傳遞熱量的能力,你可以想像成是熱量在材料中移動的速度——材料的熱傳導係數愈高,代表熱在材料中移動時的阻礙愈小,熱會愈快速地傳遞到材料內部,蓄積更多熱量。都市中人工製造的材料,例如混凝土、磚瓦、石材、瀝青、金屬等,通常有較高的熱傳導係數,而自然材料如木材、土壤、草的熱傳導係數則較低[4]。

白天時建築物及地面持續吸收太陽熱量,並透過熱傳導的方式**傳入**材料內部,把大量的熱量蓄積在建築物的屋頂及牆壁、地表的道路及鋪面、自然的植栽或土壤。而在傍晚之後空氣溫度降低,但材料的溫度仍高,熱量會透過熱傳導的方式再**傳出**至材料表面。為了釋放這些熱量,除了以熱輻射方式放射到天空之外,也會以熱對流的方式——即利用材料和空氣之間的較大**溫差**,以及較高的**風速**,來進行較高效率的熱交換而釋放更多的熱量。

我們將上述這種結合了傳導及對流方式,在乾燥物質和空氣之間

的熱交換方式，稱為**顯熱**傳遞。顯熱的熱量傳遞會直接顯現在溫度的變化，就像乾燥高溫的牆面或鋪面將熱量傳遞給空氣，會使氣溫升高，這個現象容易感知也顯而易見。然而，透過顯熱傳遞方式來散熱的**效率不佳**，最好的改善方式是增強風速並降低氣溫，可以更快將表面熱量傳遞到大氣以散熱。

溼潤表面的高效率散熱

顯熱所描述的是乾燥材料的熱傳遞，而在實際的地表環境中，會有湖泊、河川、水池等長時間蓄積水的區域，也有自然土壤、透水鋪面等多孔隙材料能在降雨後涵養雨水。這些溼潤的表面會有**蒸發**作用，讓液體轉變為氣體逸散出去。另外，植栽行光合作用時會有**蒸散**作用，從根部吸收土壤水分，經過植物組織然後轉變成水蒸氣，從葉子氣孔散失[5]。上述這兩種應用水分蒸發或植栽蒸散的散熱方式，稱為**潛熱**傳遞，過程中液態水會轉變成水蒸氣，同時吸收大量周圍熱量。當環境的氣溫愈高、相對溼度愈低、風速愈大時，潛熱傳遞的**效率愈好**。

一個區域的潛熱占比愈高，散熱效果愈好

在美國沙加緬度的研究中，一個研究區在半乾旱的區域，其顯熱散熱量大，另一個則在有良好灌溉的農場，其潛熱散熱量大，比

較結果顯示，後者整體蓄熱量較低[6]。這是因為藉由潛熱的散熱
效率會比顯熱高出許多，若是一個區域的**波文比**，亦即顯熱與潛
熱散熱量的比值，大於1，表示這個區域的表面較為**乾燥**，熱量多
以顯熱的方式傳遞，散熱不易；若波文比小於1，代表這個區域的
表面較為**溼潤**，較多以潛熱方式傳遞，會帶走更多熱量有助於降
溫。加拿大溫哥華的夏季實測研究也發現，近郊野生草地處波文
比大約0.52，但在接近市區處則高達2.9，這也就是乾燥的都市市
區散熱不良的重要原因[7]。

三、人工發熱量加劇都市蓄熱

都市中的人工發熱量除了包含交通、工廠、機具的排熱之外，還
有為了維持人體舒適性而增設的空調系統所排放出來的熱量。空
調系統產生的發熱量是都市熱島的關鍵項目，因為空調不只是加
劇高溫化的現象，高溫化的結果也會加劇空調的使用。因為這個
特殊的因果循環，本節特別聚焦在探討空調（冷氣機）的排熱。

空調衍生的發熱量有多少

隨著都市戶外氣溫上升，建築物室內氣溫也會隨之上升。為了使人
體覺得舒適，我們會開啟空調來降低室溫。空調吹出來的冷空氣

5-3

室外機如果置於封閉狹窄空間，會造成熱氣短路循環而無法與戶外空氣進行良好熱交換，不僅冷氣機的效率變差更耗電，也導致戶外熱空氣累積而造成都市蓄熱，並降低人體熱舒適性。

並非憑空生成，而是把室內的熱量「搬運」到戶外交換得來的[8]。因此，當我們站在空調的**室外機**旁，就會感覺到一股熱風吹出（如圖5-3）。室外機排放的熱量有多大呢？我們若以一戶室內空間41坪（135平方公尺）的住宅為例——這大概是台灣標準一家四口的住宅規模，如果有一半空間都使用冷氣，相當於同時將**28支吹風機**的熱量排到大氣當中[9]！這些熱量排入都市後，會與戶外的空氣混

合，造成氣溫上升。一般而言，家用分離式空調室內出風口氣溫必須低至13–16℃，才足以讓室內有效降溫，而此時室外機散熱風口的氣溫高達45℃。由此可見，為了讓室內保持舒適涼爽，需付出相當的**代價**。

這個代價除了造成都市高溫，需要全民共同承擔之外，它也可以確確實實地換算成你必須支付的金錢。以台南市不同區域的住宅為例，為了維持室內舒適性，位在高溫市中心區的41坪住宅，會比位於低溫郊區的同樣規模住宅，每年多出約**6400元的空調耗電**[10]。顯然，當你靠冷氣搬動室內熱量到戶外的同時，也把你荷包裡的錢搬動到電力公司的帳戶裡去了！

影響空調排熱因素

影響空調排熱最重要的因素是**建築設計**。如果建築物的開窗面積愈大、方位不當、遮陽深度不足，以及屋頂、牆面、玻璃材料的隔熱愈差，戶外的輻射及高溫將導致室內累積的熱量增加，如果再加上室內照明及電器設備的發熱量，則必須使用更多的空調來降低室內溫度，最終導致更多熱氣排放到都市。

其次是**空調系統**的選擇。冷氣是應用冷媒循環到室內降至低溫，使室內機得以吹出冷風，冷媒吸收室內熱量後，循環到室外時增

至高溫，需要靠室外機將冷媒熱量排除。一般而言，住家使用的分離式冷氣機，在戶外是直接以風扇排風將冷媒降溫（即氣冷式），以顯熱方式與空氣做熱交換，就像本章第2節所述的熱咖啡例了，氣冷式的顯熱散熱效率較差，且室外機吹出高達45℃的熱風到戶外，又會加劇都市高溫。較大規模的商業辦公空間多是以冷水循環來使高溫冷媒降溫（即水冷式），以蒸發冷卻的潛熱方式與空氣做熱交換。它的散熱效率較好，經屋頂設置的冷卻水塔排出到大氣的溫度，大約只有36℃，大型建築物都應該優先採用這種系統。然而，由於氣冷式系統單純，安裝工事簡易，造價便宜，也不需要額外設置冷卻水塔，大部分的住宅或小型商店仍多採用這種系統，這時應選擇較高效率的機種，將有助於減少戶外排熱量[11]。

再則，還有室外機排熱與外界空氣混合的效率因素。水冷式的冷卻水塔通常設置於通風良好屋頂處，因背景風速較強可使空氣混合效率較好。但氣冷式空調系統的室外機常為了減少冷媒管線長度，將室外機就近置放在陽台或窗台上，如果其空間較為封閉狹窄，則會造成熱氣短路循環，而無法與戶外空氣進行良好熱交換，不僅冷氣機的效率變差更耗電，也會導致熱氣累積而造成都市蓄熱。日本在建築物對熱島降溫的規範中，就建議將氣冷式空調的室外機安裝在10公尺以上，比較高且空曠的地方，對於散熱效果會比較好[12]。

　　最後，是**使用行為**，室內溫度設定得愈低，就會有愈多的熱量需要被搬運到戶外，自然產生更多排熱。如果能設定合理的室內溫度，並搭配電風扇來提高人體的舒適性，就能減少空調的排熱。

6

學理篇

舒適：
熱的最後一哩路

都市退燒目的不只是降溫，也同時要兼顧人體舒適性。舉例來說，高反射率的鋪面雖然可以將較多的太陽短波輻射反射回天空，能減少地面蓄熱並有助於氣溫降低，但也可能會被行人吸收而降低舒適性；在冷氣房內打開風扇不但能提高人體舒適性，空調的設定溫度還可以再調高一些，有助於戶外排熱量降低來幫都市退燒。因此，我們必須要先從人體熱平衡了解影響熱舒適的關鍵，才能在都市熱島降溫的同時，提升人們在室內及戶外的熱舒適及滿意度。

一、人體的熱平衡與熱舒適

人體熱能的得失就像天平，
平衡時「理論上」會覺得舒適

人吃下的食物在體內經氧化作用產生內部能量——即**代謝量**，可以用來支持人體的活動（如行走），及維持器官基本的運作（如心跳），但是，活動及基本運作所需的能量只占我們所吸收的一小部分，多數能量會轉換成熱量留在人體，成為**內部發熱**。除此之外，白天站在戶外時，也會接收不少輻射熱，使人體累積更多的熱量。燈泡發熱若未及時散熱，可能會因高溫而燒毀，同樣的，人體若不適當釋放內部熱量，輕則會感覺到不舒適，嚴重的話，可能會造成中暑或熱衰竭，甚至致死。

我們可以釋放熱量的方式還不少，從**生理**的面向來說，人們在平時以呼吸、皮膚表面水蒸氣擴散等和緩的方式與外界空氣做熱交換，或以皮膚表面汗液蒸發這種劇烈的方式來加速散熱[1]。若從**環境**的面向而言，透過氣溫、溼度、風速等因子的配合，也有助於加速人體散熱。

我們可以把人體熱平衡想像成一個天平，左側是人體「獲得的熱量」，右側是「失去的熱量」（如圖6-1）。當兩側平衡時，即人體

6-1

人體的熱平衡就像天平，當左側「獲得的熱量」與右側「失去的熱量」相同時，人體的蓄
熱量為零，就可能會覺得舒適。

蓄熱量為零，代表人體獲得的熱量與失去的熱量相同，沒有多餘
的熱量蓄積於人體無法發散，也沒有不足的熱量需要人體產生，
這時人體能夠處於「熱平衡」的狀態，維持一個穩定的核心溫
度，約是37℃左右。

當人們處於上述蓄熱量等於零的狀況下，理論上人們不感覺熱也
不感覺冷，可能會覺得舒適。當失去平衡時，則可能會有熱或冷
的感受：當獲得的熱量大於失去的熱量時，就是蓄熱量大於零，
可能會感覺熱；反之則可能會感覺冷。

之所以用「可能」的字眼，是因為人體的熱感受不只受到生理及
環境的影響，也同樣受到**心理**因素的影響。在熱舒適領域中，與
心理有關的感知、偏好、記憶、情境是一個重要的議題，我們會
在本章第4節中單獨討論這個具有地域性差異及個人化喜好的有趣
現象。

二、影響熱舒適性的四項環境因子

台灣位處（亞）熱帶區域，熱不舒適問題主要來自於熱季時人體
的蓄熱量太大[2]。若要解決這個問題，一則是要減少人體獲得的熱
量，再則就得增加人體失去的熱量，以維持兩者的平衡。

影響熱舒適性的環境參數中，我們最熟悉的首推**空氣溫度**（單
位℃）。當氣溫比人體的皮膚表面溫度高時，對人體而言就是獲
得熱量；若氣溫比較低時，就是失去熱量。這就是為什麼當你在
室內覺得太熱的時候，你會選擇開啟空調降低室內氣溫，使氣溫
低於你的皮膚溫度，你就會失去熱量。

另外，前一節有提到皮膚是重要的散熱途徑，皮膚表面會透過較
和緩的水蒸氣擴散，或是較劇烈的汗液蒸發方式散熱。當空氣中
的**相對溼度**（單位%）愈低時，代表空氣愈乾燥，會加速皮膚的

散熱，讓你失去熱量。如果是在炎熱的雨天，因空氣的溼度飽
和，皮膚散熱不佳，你就無法有效地失去熱量。

再則，環境的**風速**（單位m/s）會影響體表與空氣熱交換的效率，
風速愈大，熱交換效率愈好，大部分的狀況下也有助於人體失去
熱量，只有在極少數的狀況，如街道上空調排放的熱風，會使人
體獲得熱量。

環境中還有　個影響熱舒適的重要因了是輻射熱，一般常以**平均
輻射溫度**（單位℃）來代表人體在環境中受到短波及長波綜合影
響下的因子。當晴朗的日間一個人站在空曠的地點，則其經歷的
平均輻射溫度就比站在樹蔭處或遮蔽物下高，代表人體獲得的輻
射熱量較多。日間時，平均輻射溫度都會高於空氣溫度，代表人
會藉由輻射的吸收而獲得熱量[3]。

三、影響熱舒適性的兩項行為因子

減少活動量以降低人體發熱

除了上述四個外界環境的因子，人們的活動及行為也會影響熱量
的獲得及失去。降低活動量是減少人體獲得熱量的根本方法，因
為各種活動會依其劇烈程度，而產生不同的「代謝量」。人躺下

時的代謝量最小，也稱為**基礎代謝量**，接著是站立及行走，若是跑步這類的劇烈運動，則代謝量極大，人體內部發熱量也極大。

許多冷氣機會在搖控器上設計一種「舒眠模式」，溫度的設定值會隨著入睡的時間微幅上升。這就是因為當我們由活動、坐立至躺下，代謝量會逐漸降低，人體內部發熱就會減少，因此可將空氣溫度的設定逐漸上升，同步減少熱量的損失，人體就能一直維持熱平衡的狀態。同樣的道理，如果是在百貨公司、展覽中心等需要走動的空間中，人體的代謝量較高，就需要較低的溫度與溼度，確保使用者的舒適性。

為了方便評估各類活動的代謝量，研究者以一位中等身材的標準人體[4]建立了從事各種活動的代謝量（單位：W/m^2）參考數值，並定義了一個簡化代謝量的參考單位，即met，便於許多室內及戶外熱舒適指標的使用。1met等於58.2W/m^2，也就是指一個標準人體在**靜坐狀態**下的單位人體表面積發熱功率。躺下就是0.8met（約是46W/m^2左右，為基礎代謝量），站立為1.2met，步行即為1.9met以上。

調整衣著量及形式，有助於熱量的取得和排除

面對氣候的變化，人們最常使用「衣著量」來達到期望的熱舒適
性。人體表面溫度大概36-37℃左右，通常比空氣溫度還高，所以
熱量會由人體傳遞到外界的環境。衣著具有**隔熱**的效果，當衣著
量愈多時，隔熱效果愈好，人體熱量就愈不容易損失。所以當衣
著量減少時，代表隔熱效果變差，人體的熱量就可經由較薄的衣
著加速釋放出去。

然而，若處於外在空氣溫度比體表溫度高，且豔陽高照的情境
下，衣著減少而使皮膚曝露在陽光下，**反而**會使人體獲得更多的
熱量，這就是為什麼在台灣夏天時，路上的行人或機車騎士普遍
穿著薄外套，或是戴著袖套，都是要避免皮膚受太陽直射而升
溫的有效作法。**既熱且乾燥**的阿拉伯地區人們普遍穿著寬鬆的長
袍，不但能夠阻擋直達日射量，空氣層又能創造隔熱的效果，也
是這個道理。

為了方便評估各類衣著的隔熱程度，研究者將衣著的隔熱以
「熱阻」（單位$m^2 \cdot K/W$）來表示，同時為了簡化數據，如met一
樣，研究者也定義了一個衣著整體隔熱的單位，稱為clo。1clo為
$0.155m^2 \cdot K/W$，大概是男性穿西裝的狀況。短袖衣褲加涼鞋的穿著
大概0.3clo，冬天毛衣厚外套大概1.3clo。

四、綜合多項參數的熱舒適指標

綜合前兩節的描述,影響人體熱平衡的參數共有六項,其中與人的活動及行為相關的有代謝量及衣著量兩項,與環境相關有空氣溫度、相對溼度、風速、平均輻射溫度等四項。這六項參數決定了人體的蓄熱量是正值(獲得的熱量較多),或負值(失去的熱量較多),或剛好為零(獲得的熱量與失去的熱量相同)。

如果我問你,讓人體達到熱平衡——也就是可能覺得舒適——的溫度應該是幾度?溼度多少?風速應該多快?這是個**重要但不易回答**的問題。之所以重要,是因為它攸關室內空調的設定基準及戶外環境設計的依據,但也因參數極多且彼此有交叉影響及互補特性,故難以將各個參數的基準個別定義。因此,早在1970年代起,就有許多學者嘗試建立「熱舒適指標」,也有人稱為「體感溫度」,讓使用者能將多個參數代入指標計算後,得到一個**單一數值**來代表熱舒適的狀況。這類指標就像是要評估學生在一個學期內在音樂、繪畫、運動、數理方面的整體表現,雖然每門科目有不同分數,但為了能整體評估,就將每個科目進行加權計算,而得到一個單一的學期總成績。熱舒適指標的優點是能評估各參數的**綜合效應**,也方便比較兩個環境中舒適的差異。

有些指標為了特殊需求採用部分的參數,如美軍為了行軍時熱壓

力的評估，發展了綜合溫度熱指數（WBGT），採用黑球溫度、空氣溫度、溼球溫度（可由相對溼度等參數換算）來評估，它目前也是台灣的勞動部訂定之「高溫作業勞工作息時間標準」的參考指標，有不少國際體育賽事也常用它來評估運動員潛在的熱壓力。除了高溫的熱壓力評估外，也有針對低溫的熱壓力所訂定的評估指標，例如加拿大為了評估冬季的冷壓力，發展了風寒指標，便是採用空氣溫度及風速來計算評估。它們的優點是便於計算，通常只需幾個簡單參數就可取得一個數值，但這類指標也因此無法完整地描述人體熱平衡的機制。

有一些指標基於上述人體熱平衡的理論，將這六項參數**全部納入**評估，轉化為一個溫度值或指標值。這類指標包含室內常使用的預測平均感受（PMV）指標，以及戶外使用的生理等效溫度（PET）、通用熱氣候指數（UTCI）等。它的優點是較可信賴，且方便進行不同情境下的比較。

若你試著將六項參數代入熱舒適指標計算，會發現每種指標計算出來的結果都不盡相同 [5]。這是因為雖然每種指標都是基於人體熱平衡，但其內部使用的理論及模式又不太相同，因此會有不同的結果。同樣的，即使兩人身處於六項參數都不同的熱環境，也可能會出現**相同**的熱舒適指標結果，代表著這兩人的熱舒適感受可能非常接近（如圖6-2）。

如此一來就有個延伸的問題：對於這些熱舒適指標而言，究竟指標計算出來的值應該是多少，人們才會**覺得舒適**？這個問題背後所欲探索的意義，就不只是生理及環境狀況下的熱平衡，更牽涉到了心理的特性。舉例來說，我們可以依據一個人的身高、體重、性別，來計算出他每日需要的食物卡路里量，然而，是否讓他覺得有「飽足感」，卻是因人而異，無法單純依計算的結果來判斷。同樣的，我們只能由其生理及環境特性計算出蓄熱量，再以熱舒適指標值來表示，但仍無法知道他對熱舒適的「滿意度」究竟如何。

針對這個問題，研究學者的做法是進行大量的**問卷**，有些是在實驗艙內，有些是在真實的環境中，在這六項因子多種不同的組合下，詢問他們的心理感受。問卷中會詢問使用者的基本資料（如性別、年紀、活動、衣著等），以及他們對於熱的主觀感受（例如感覺如何、是否滿意、能否接受等）。然後透過統計分析來界定出「熱舒適範圍」，也就是有較多比例的人在這個範圍中會對這個環境的舒適性表達滿意，例如北美發展的PMV建議在-0.5到+0.5之間為舒適[6]，中歐及西歐的PET熱舒適範圍就落在19-23℃之間[7]。

氣溫	30 ℃		氣溫	24 ℃
溼度	80 %		溼度	75 %
風速	2.4 m/s		風速	0.5 m/s
輻射溫度	31 ℃		輻射溫度	36 ℃
衣著	0.5 clo		衣著	0.7 clo
活動	1.0 met		活動	1.2 met

6-2

人在不同的氣候環境與行為的背景下，也可能處於相同的熱舒適狀態。左圖的人在高溫的夏季時，穿短袖坐在樹蔭下吹涼風；右圖的人在低溫的秋天時，穿長袖站在日射強且無風的環境。雖然兩人身處的六項環境及行為參數不同，但體感溫度會相同（PET 均為28.4℃）。

五、熱舒適感受會受過去經驗和當下情境所影響

儘管過去進行室內熱舒適範圍的界定時，研究者已儘量涵蓋不同
生理條件的研究對象[8]，期望調查的結果更具代表性而被全球廣泛
使用。然而，後續學者在不同的氣候區、不同的場所重複這些類
似的調查時，卻發現得到的熱舒適範圍大不相同。特別是（亞）
熱帶的研究發現，他們所界定的室內熱舒適範圍，要比過去北美
建議值還要高[9]，也就是（亞）熱帶的室內受測者能夠容忍較高溫
的熱環境。

這個現象也發生在不同的地區與場所，台灣的研究發現人們可接
受的舒適範圍約在26-30℃ PET左右，高出中西歐推薦的19-23℃
許多。同時也發現，人們對於室內環境要求最嚴苛，喜歡比較低
的溫度，其次是半戶外空間，對於戶外的容忍程度最高，可以接
受較高的溫度[10]。

會造成這類不同國家、不同場所的熱舒適性差異，有兩個主要的
原因。第一個原因是，人們會依照他**過去的氣候經驗**來表達他們
對熱環境的「感受」。例如長期住在寒帶國家的人，他對較低溫
度的感受可能是舒適，但這個溫度對於長期住在熱帶國家的人而
言，因為很少有曝露在低溫環境的經驗，可能會覺得太冷[11]。但
你可別以為熱帶的人到寒冷地帶住一陣子後，體質就會改變成不

怕冷。研究者指出，生理的改變需耗時一、二十年 [12]，你覺得不怕冷的原因，其實也只是一種心理調適而已，也就是你心理上認為自己已經變得比較不怕冷，而無形中適應這種低溫了。

另一個原因是，人們會依照其**當下所處的情境**來調整他們對熱環境的「期待」。有些研究旅遊氣候的人發現，在夏日的海灘上，人們能容忍較高的溫度。這是因為人們本來就預期要去海灘享受陽光，已經有心理準備會曝露於較高溫且高輻射的環境，所以理所當然對高溫的容忍度極高。一個針對基隆、台中、台南景點的熱舒適調查中也發現，遊客愈往南走，能容忍的溫度愈高 [13]。至於你在辦公室的冷氣溫度會設定得比在住家低一些，除了活動量的不同確實有影響外，「住家的電費由你繳」的這個情境，應該也是左右你住家空調溫度設定的關鍵吧。

7

應用篇

增綠再留藍

「增綠再留藍」是都市退燒的根本之道，透過高效率的潛熱蒸發，可以真正達到降低氣溫的效果。然而，光只是廣設公園綠地還不夠，公園究竟該集中成一大塊綠地或分散在都市中、樹種如何選擇、該在地面做綠化還是做立體綠化，都攸關降溫的成效。而除了開放的水域之外，如何搭配樹穴留設、透水鋪面設計，讓雨水涵養在土壤中，也是蒸發降溫的關鍵。

一、增大綠地面積及保留都市水域

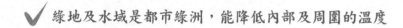 綠地及水域是都市綠洲，能降低內部及周圍的溫度

綠地透過土壤的水分蒸發，以及植栽的蒸散效果，應用潛熱的方式可以高效率地吸收周圍大量熱量，將液態的水轉變為水蒸氣，進入大氣之中，進而降低周遭溫度。這種藉由**潛熱傳遞**的散熱方式，效率比乾燥面的顯熱傳遞高出許多，因此是都市絕佳的退燒策略。

一項針對台北盆地的綠地涼化效果研究指出，綠地的**表面溫度**比盆地內最熱區低了6.9℃左右，且當綠地面積每增加1%，表面溫度約會降低0.05℃。舉例來說，當區域內的綠覆率（綠地面積占總面積之比例）由10%提高到60%時，表面溫度約可降低2.5℃左右[1]。

為了能真實反映行人層高度的熱環境狀況[2]，另一項也在台北進行的研究中，則將台北的綠地面積與周圍建成區的**空氣溫度**進行分析，發現每10公頃的綠地約可降低周圍環境氣溫約1℃[3]。如果以26公頃的大安森林公園來計算，大約可幫鄰近街區降低氣溫達2.6℃左右。一個在台南公園現地量測的研究進一步發現，隨著季節及風向風速的不同，公園周邊環境降溫的範圍大約是從公園邊

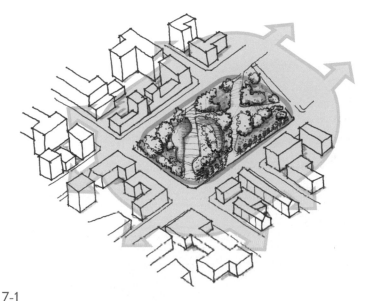

7-1
綠化能降低內部溫度,也有助於周圍街區降溫。公園綠地的綠覆率愈高、周圍街區愈開闊,
降溫效果愈好。

綠往外延伸200至400公尺,溫差從0.5至2.4℃不等 [4],顯示公園對
周圍環境有具體降溫效果(如圖7-1)。

增加公園、綠地、水域面積是最好的都市退燒策略,國內外也常
將綠覆率視為都市發展及建築設計最根本的評估項目。惟需注意
的是,因蒸發散的效果,公園內部的相對溼度會微幅增加,且
在夜間時會因為樹蔭阻礙了長波輻射的釋放,使樹下的氣溫比
空曠的區域略高。

在台灣，公園綠地常要肩負許多功能來滿足民眾對於**多元化使用**的要求，例如開挖地下室當作大型停車場，地面上有共融式遊戲場提供親子活動，或是設置大面積人工鋪面及座椅來舉辦展演活動，更有不少公園內設置社教機構及活動中心的建築。多元化使用的公園固然立意良好，讓更多民眾能夠使用公園，然而，每增加一吋人工化的開發及設施，就代表公園內少了一吋綠化的面積，地下室開發更導致覆土深度不足而影響樹木成長，這都會影響其降溫的效果。

儘管目前已有不少都市規範了公園的平均綠覆率要達60%以上，且面積愈大的公園要求比例愈高。然而，仍有許多都市至今尚未訂定明確規範，同時，對於面積較小的公園綠覆率的要求也偏低，仍有提升的空間。而在設計上，公園內的遊戲場、活動區域、休憩空間等，也應儘量應用空間種植樹木，以增加整體綠覆率，充分發揮公園降溫的效果。

二、運用集中型與分散式公園之降溫優勢

✓ 集中的大型公園內部降溫效果最明顯
分散的小型公園則對周圍降溫效果佳

如果都市的總綠地面積是相同的，到底是**集中**設置一個大型公園，如台北大安森林公園（26公頃）、台中中央公園（67公頃）、台南都會公園（66公頃）、高雄中央公園（12公頃），或是**分散**成許多個到2公頃的鄰里型小型公園，對於都市的降溫效果較好呢？由於每個都市的氣候特徵與街區型態各不相同，過去國內外研究中對於公園綠地的集中與分散也沒有一致的好壞觀點[5]，我們可以由公園特徵及其熱平衡理論來思考。

大型公園因為潛熱傳遞的效率極佳，可以透過蒸發及蒸散釋放很多的熱量，在公園中心處可大幅降溫。大型公園就像放在溫水中的**大型冰塊**一樣，融解緩慢而使中心持續保持低溫。因此，大型公園中心溫度較低，與周圍建成區的溫度差距較大。實測數據顯示，夏季某一天夜間，台南火車站前熱鬧街區氣溫達到28.2℃，但鄰近的台南公園內部的最低氣溫可低至25.8℃時，兩者間有2.4℃的溫差，同時，大型公園因為綠化面積大，降溫的效果也比較持久且穩定。

而當公園分散配置時，因為公園邊緣鄰接建成區的總長度增加，涼爽的公園能與更大面積的高溫街區進行水平對流熱交換，這就好比放一些**碎小冰塊**到溫水中可快速融解一樣，分散配置的公園能夠讓更大面積的街區較快達到降溫的效果。針對台北的公園綠地形狀及降溫的分析顯示，同樣面積的公園綠地，如果與鄰近街區的接觸邊長愈大（例如長方型公園就大於方型公園），碎形維度愈大（例如彎曲複雜的公園邊緣就大於直線），周圍街區的降溫效果就愈好[6]。在第2章第3節的台中市氣溫分布圖中，也可以發現市區中零星散布的公園、綠地，以及貫穿街區且彎曲狹長的綠園道，確實有助於市區的降溫。

簡單來說，集中的大型公園內部維持低溫效果較好，分散的小型公園則對外部降溫效果較好（如圖7-2）。大型公園低溫區因為距離街區較遠，對環境降溫效果有限，而小型公園則受限於面積，冷卻效果無法持久穩定。只不過，實際的降溫狀況並不像冰塊融解這般單純，不論是大型或小型的公園，其內部降溫及周圍冷卻的效果，仍會受外界氣候的影響，也與公園綠地周圍建築物的緊密程度有關（詳見本書第8章）。

7-2

不同型態的公園分布對於都市溫度的剖面影響狀態。集中的大型公園內部降溫效果最明顯，分散的小型公園則對周圍降溫效果佳。

三、選擇適合樹種，並強化樹穴涵水能力

✔ **愈密的葉面、較深的覆土、更大的樹穴，均有助於喬木降溫**

當喬木的枝葉密度愈高時，太陽短波會受到遮蔽，不易抵達樹蔭下的地面，再加上淺色的葉片**反射**率高，厚葉片穿透率低，整體

而言植栽及地面所吸收的熱量就可大幅降低。另一方面，葉面積
愈大，則植物蒸散的效果愈好，能吸收環境中的熱量釋放到天
空，達到很好的降溫效果（如圖7-3）。

一個在大安森林公園的研究證實了這個現象。葉片顏色較淺、厚
度較厚、表面較粗糙、枝葉密度較高的喬木，降溫能力較佳。例
如茂密的榔榆樹、印度紫檀樹蔭下的空氣溫度就比稀疏的黃花風
鈴木低了1.5℃左右[7]。

除了植栽蒸散的效果外，植栽下方**土壤蒸發**的效率也影響降溫效
果。土壤具有孔隙，在下雨或澆水的時候，水分就會留在土壤的
孔隙之中，等到土壤或空氣的溫度上升時，孔隙中的水分就可以
透過蒸發作用，由液態轉變成氣體，帶走熱量來降低土壤溫度。

如果喬木不是種植在自然的大片土壤上，而是種在人工鋪面旁或
人工地盤上，例如人行道、廣場、地下停車場的空地，那麼植栽
的**覆土深度**及**樹穴**面積就十分重要。較深的覆土、更大的樹穴可
確保土壤中能涵養最多的水分，一來有助於植物行光合作用時的
蒸散，二則土壤可直接蒸發水分。兩者都能促進高效率的潛熱交
換，降低環境溫度。

人行道的深覆土及大樹穴，對於降溫還有其它應用的潛力。夏季

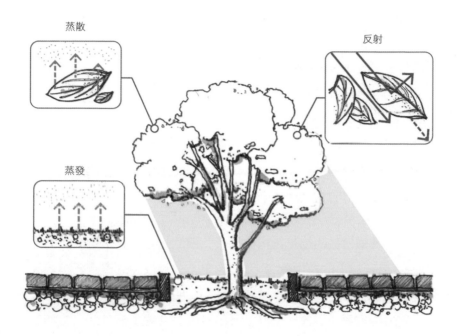

蒸散

反射

蒸發

7-3

植物的枝葉面積、覆土深度及樹穴面積愈大，有助於葉面的蒸散及土壤水分的蒸發，對於
都市降溫效果愈好。

的高溫午後，我們常會看到縣市政府的環保局出動**灑水車**，將回收水灑在高溫的路段。當灑水時，柏油路的表面溫度通常可降低5至10℃，減少地表長波輻射，對於氣溫降低確實有短暫的功效。然而，這些水分因接觸到極高溫的表面溫度，會在短時間蒸發完畢，如果通風效果不佳，容易使相對溼度升高，造成行人層**潮溼悶熱**的問題。較好的方法是，在早上氣溫尚未飆升前，先出動灑水車將水灌注於沿路的行道樹穴之中，如此一來可避免短時間悶熱，也可以透過植栽蒸散、土壤內飽和的水分緩慢蒸發，延長降溫的效果。

目前台灣綠建築的綠化量指標已有相關的規定，要求闊葉大喬木需有1公尺以上的覆土深度，以及4平方公尺以上的樹穴面積。許多縣市政府也在都市設計審議原則中，明定建築基地、廣場、人行道的樹穴面積與覆土深度，不僅能確保植栽生長良好，也能促進環境的降溫。

四、設置立體綠化減少室內空調耗能

✔ 立體綠化對外氣降溫的效果有限，其價值在於減少空調耗能與提高舒適性

建築基地開發時因栽種植栽的空間受限，或希望爭取更多的綠化空間，會在建築物的屋頂、牆面、陽台、露台上，以立體綠化種植各類的植栽（如圖7-4）。

立體綠化因為土壤較淺，降雨或澆灌時涵養水分的比例就比較低，喬木生長較為侷促，葉面積相對減少，這些都會使蒸發散的效果受到影響。再則，因立體綠化面積普遍不大，難以大幅降低周圍氣溫。因此，立體綠化的降溫效果並不如自然土壤上生長的植栽有效。在新加坡的實測研究發現，屋頂花園上方30公分處的氣溫雖比環境氣溫低約2℃，但超過1公尺高度的氣溫，其實相當接近環境氣溫[8]，證明面積有限的屋頂花園，難以藉由其蒸發散的能力來降低上方空氣溫度。

屋頂花園對都市降溫的潛在優勢，在於植栽有較高的**反射率**，能在白天時把較多的短波輻射量反射回天空，而使植栽及土壤的表面溫度降低，夜間得以釋放較少的長波輻射，減少加熱空氣的機會。然而，如果屋頂花園的面積小，或植栽層葉面積小，或種植

間距過大，遮蔭的效果就會大打折扣，依舊很難達到顯著的降溫
效果。

儘管如此，立體綠化對都市降溫的間接價值，是能夠減少**室內空
調耗能**。立體綠化通常包覆在室內空間之外，因此可以提高空間
的隔熱，減少牆面或屋頂傳來的熱量，進而減少空調耗能或提高
室內熱舒適性。一個在台灣的實測及模擬結果發現，上方為屋頂
綠化的室內空間，一年可比一般屋頂減少5%的室內過熱時數。同
時，15公分覆土深度的屋頂綠化，約可比傳統屋頂減少29.5%的空
調耗能，顯示屋頂花園或立體綠化有其節能及舒適的價值[9]。

值得注意的是，近期有些特殊**植生牆**的設計，它並非從自然土壤
中長出的攀藤，而是在模組化塑膠盒內裝填人工介質，並懸掛於
垂直牆面上，使灌木及草花生長。由於其蒸發散的效果不佳，難
以達到良好的降溫效果，再加上需要大量的化學肥料、全自動給
水系統澆灌，昂貴的維護及替換費用，造成大量資源材的損耗。
固然看來賞心悅目、美化都市景觀，並非是一種良好的熱島降溫
對策。

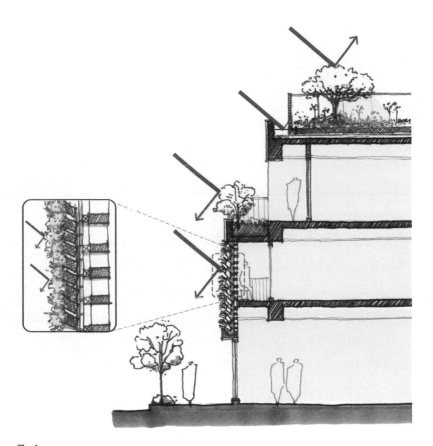

7-4

立體綠化受限於成長空間及設置面積，對都市氣溫降低有限，但對減少室內空調耗能及提高舒適性很有幫助。

五、採用孔隙率大的透水性鋪面

✓ 透水鋪面不只孔隙率要大，還需有頻繁的降雨補注才能
發揮降溫效果

自然的地表材料，如草地、裸露土壤、碎石，因為有孔隙能涵養
水分，是較好的選擇。如果要改以人工鋪面，則應優先選擇有良
好透水性的材料。透水性鋪面由表層及基層材料構成，**基層**材料
需要由透水性良好的砂石粒料構成，而非不透水的混凝土；**表層**
材料可分成兩種類型，一種是整體成型的透水材料，如多孔性瀝
青混凝土、透水性混凝土，另一種是乾砌型的塊狀材料，如連鎖
磚、植草磚、石塊等。目前台灣綠建築的基地保水指標中，也對
於透水性鋪面的表層及基層的材料特性有相關規定，使透水鋪面
可將雨水由表層的縫隙或孔洞，滲透到底層的粒料及土壤。這就
像都市地表覆蓋一層人工打造的透氣皮膚一樣，雖然比不上自然
綠地、草溝良好的透水性，但可以適度將雨水滲透至地下，除了
能減少地表淹水、增加土壤生態外，當都市溫度上升時，還可透
過水分蒸發作用帶走熱量，有助於都市的水循環。

乾砌型透水鋪面的縫隙愈大，水分入滲及蒸發效果愈好，例如植
草磚（孔隙率約15-30%）就優於連鎖磚（孔隙率約5%）。許多
人誤以為透水鋪面表面有孔隙，必定比一般不透水鋪面更能降低

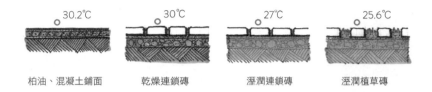

30.2℃　　　　30℃　　　　27℃　　　　25.6℃

柏油、混凝土鋪面　　乾燥連鎖磚　　溼潤連鎖磚　　溼潤植草磚

7-5
乾燥透水磚的表面溫度，其實和柏油、混凝土鋪面差不多。透水鋪面不只孔隙率要高（如植草磚就優於連鎖磚），還需要有頻繁的降雨補注才能發揮最好的降溫效果。

都市的溫度，而常常在停車場或廣場設置大量的透水鋪面，期待能有調節微氣候的功能。然而，透水鋪面要能發揮降溫的效果，關鍵還是在基層有充足之水分。在校園停車場研究顯示，當鋪面澆灌水使基層富含水分的狀況下，植草磚的表面溫度最低，其次為連鎖磚，混凝土最高溫。但是時隔多日當鋪面完全乾燥的狀況下，三種鋪面的表面溫度並無顯著差異[10]（如圖7-5）。

由此可見，透水鋪面若要發揮其效果，仍需確保設置地點在夏季時有充足且**頻繁的降雨**補注。舉例來說，台灣南部的雨量常集中在為期甚短的豐水期，透水鋪面能充滿水分的時間較短，涵養的雨水往往在幾天的高溫下就蒸發完畢，無法充分發揮蒸發降溫效果，需要再等到下次的降雨，才能涵養足夠雨水再次降溫。相對的，如果一個地區在夏天常有連續多日的午後雷陣雨，那麼涵養

在透水鋪面下的雨水就能即刻蒸發降溫，如果隔天又有新的雨水
注入，就能充分且連續發揮透水鋪面降溫的功效。

因此，地表應儘量保留自然的綠地，讓雨水能有最佳的入滲效
果，如果有人行或車行的區域，才考量設置透水鋪面，並盡可能
選擇孔隙大的材料，以達到最好的蒸發降溫效果。

8

應用篇

讓路給風走

「讓路給風走」是都市加速降溫的利器,也是提供行人舒適性的重要因子。然而,環境的風速與風向瞬息萬變,要如何掌握並應用自然氣流引入都市是首要關鍵。而當風進入都市後,原有的建築物已相當密集,故應積極應用既有街道、空地留設、環境溫差、建築側身讓風暢行無阻。

一、保全自然風廊引入涼爽氣流

✔ 自然地貌會因溫差產生涼爽氣流，在途徑上應確保順
暢，避免阻礙

在自然環境中因溫度差及壓力差，產生由低溫至高溫處的氣流，
且因地形圍塑而形成一條特定的路徑，可稱之為「自然風廊」。
如果城市與海岸或山地之間有自然風廊串連，將有助於將涼爽的
海陸風或**山谷風**引入城市。

東京都會區的熱島變遷現象顯示，現有的海風只能調節東京灣沿
岸區域，更往內陸的區域在午後的高溫十分嚴重（此現象的成因
請見第2章第2節），為了解決這個問題，知名建築師安藤忠雄提
出倡議，透過填海新生地「海之森」的大規模綠化，將海上的涼
風引入內陸，途經濱離宮、皇宮、明治神宮、代代木公園等大型
綠地，以減緩都市熱島的問題。另一個例子是在香港**九龍**，在
1990年代後期，為了讓最多的住宅單元能面對海景，超高層的大
樓常常十多棟緊密相連，俗稱「屏風樓」，阻擋了自然的海風，
影響周邊居民的生活品質。近年來已定義出幾條來自沿海的自然
風廊，期望能改善市區低風速的問題。

德國南部城市**弗萊堡**，則是全球知名的一個保全自然風廊的經典

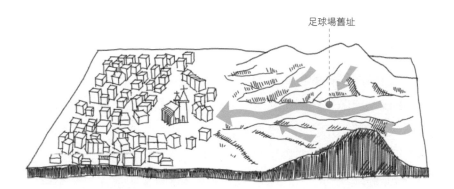

足球場舊址

8-1
德國南部城市弗萊堡緊臨黑森林，山谷形成的自然風廊可在傍晚時引入新鮮涼爽的氣流至
高溫的市區，因此，對於風廊上建築物的新建或擴建有嚴格的法令規範。原有一座足球場位
於山谷中，因為阻擋了這條重要的自然風廊，因而將其移出本處另地重建。

案例。它緊臨德國著名的黑森林，當地夏天十分炎熱，傍晚會有
涼爽的氣流由山谷吹向城市，對於夏季夜間的降溫極為重要（如
圖8-1）。在這條自然風廊上有個**足球場**，當地政府原本要進行擴
建，然而，微氣候的分析顯示，加高後的足球場將會降低由山谷
吹向城市的風速，造成市區高溫化的問題。在多年的居民倡儀及
相關審議後，一開始是預計要降低其擴建高度，而最後決議是將
原足球場移出此處，改在城市另一側郊區的機場附近重建。

事實上，《德國聯邦自然保護法》[1]即明文規定，應妥善**保全**能生
成新鮮空氣或冷空氣的區域，以及能有良好空氣交換的路徑——
即上述之自然風廊。這也說明了德國對於自然風廊的高度重視，

也具有其法令位階，足以影響都市的土地利用及建築開發。

而四周被海洋環繞的台灣，如何引入自然海風來降低都市高溫，實為重要的課題。相關研究顯示，**台南市**主要的海風路徑來自運河，可連至民生路段，**高雄市**主要的海風路徑來自壽山以南的海岸區，可連至三多、四維、五福等東西向路段，而**台北**盆地則有來自西北向淡水河引入的海風，連至大漢溪及新店溪，以及來自東北向的基隆河河谷風，連至忠孝東路及市民大道。縣市政府應參考《德國聯邦自然保護法》精神，保全這些重要的自然風道，並在都市中延續這個路徑，即下一節所要談的「都市風廊」。

二、規劃都市風廊，讓氣流暢行無阻

✓ **藉由都市的盛行風向及空曠區域，指認都市風廊系統**

都市建築物高聳密集，進入市區的風會流入阻礙較小的區域，如果這些區域能夠彼此連結成為一條連續路徑，即可稱之為「都市風廊」（如圖8-2）。這些風阻較小的區域包含公園綠地、水域河川、廣場空地、車道、鐵道、林蔭道、人行道，或是低矮不密集的建築群，風向則多以該區域長期的盛行風向決定。依據這些路徑的寬度及順暢性，可定義出「**主要風廊**」及「**次要風廊**」，

次要風廊

主要風廊

連結風道

8-2
完整的風廊系統應包含主要風廊、次要風廊，及連結風道，且需由該區域長期盛行風向，
以及都市風阻較小的連續路徑來指認。

代表潛在風速的大小，也可指認出與這些風廊交叉的「**連結風
道**」，有助於風廊之間的串連及另一個風向的引入，讓都市通風
更為流暢。

香港及日本因都市發展密集，很早就開始應用地形、建築物、植
栽的資訊來計算各個小區域的風阻，以進行都市風廊的指認[2]。
台灣早期只在台南市沙崙高鐵特定區幾個街廓有零星通風路徑的
規範，但並未建構完整的風廊系統。而後在台中市**新市政中心**周

邊、台北**南港區市民大道**兩側，有定義出較完整的風廊系統。

我們以台中市新市政中心周邊說明風廊系統的建置[3]，首先依據長年的風速風向資料，定義本區的夏季主要盛行風為南風。接著，將建築的面積及高度呈現於圖面上，空白處為道路或空地，其次是以100公尺為網格單元，依建築投影面積及高度計算**粗糙長度**（粗糙長度的定義請見本章註2），顏色愈深代表粗糙長度愈大，潛在的風阻愈大。最後則利用機會成本路徑的方法，假設風會優先選擇進行阻力較小的路徑，便能由南向北逐一繪製可能的風廊路徑（如圖8-3）。

指認出潛在風廊後，如果有預計開發的土地位於重要的風廊上，可以降低開發的強度（如降低建蔽率、容積率、建築高度），或是調整建築設計（配置、量體、棟距、退縮），進行相關管制及獎勵。

自然風廊可藉由溫差而自行生成穩定氣流，然而，都市風廊上的氣流不能無中生有，只能在有風吹入都市之時，確保風廊上的風速能高於其它密集區域，有助於提升都市與郊區之間水平對流熱的交換效率（請見第5章第1節）。都市風廊像是一種**超前部署**的策略，讓都市準備好迎接隨時可能吹來的涼風，順暢地將都市龐大的熱量帶走。

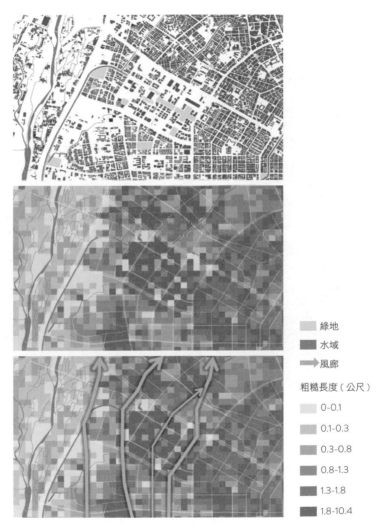

綠地
水域
風廊

粗糙長度（公尺）

0-0.1
0.1-0.3
0.3-0.8
0.8-1.3
1.3-1.8
1.8-10.4

8-3

都市風廊指認時，需先進行地表建築物及空地資料彙整（上），並計算各網格單元的粗糙
長度（中），最後依盛行風向繪製可能的風廊路徑（下）。

三、確保自然涼風由綠地及水域吹出

✓ 大型綠地及水域可自然產生徐徐涼風，周圍建築物應加
大棟距讓風吹出

當都市靜止無風時，大型綠地或水域因其溫度比周圍街區低了許
多，就像開啟廚房冰箱一樣，足夠的溫差會趨動內部的涼爽氣
流，往四面八方滲流而出。東京市區的「新宿御苑」是一個占地
達58公頃的大型綠地，在一個長期觀測微氣候的研究中發現，當
凌晨背景風降低時，公園會由內往外吹出緩慢的涼風，稱之為**公
園滲流風**，大約可讓周圍街區氣溫降低3℃左右。值得一提的是，
這種公園滲流風在38個觀測日中，就出現28日，且多出現在凌晨
兩點至五點之間，顯示都市大型公園綠地能頻繁地在夜間吹出涼
風，有助於街區的降溫[4]（如圖8-4）。

另一個位在瑞典Göteborg的廣場也發現，在晴朗且大氣穩定又無
背景風的凌晨，低速的氣流由低溫廣場**吹往**周圍高溫街區。透過
進一步的模擬，證實在距地表6公尺以上的高空，也有來自街區的
熱空氣吹向廣場，形成一個立體的熱循環[5]。

為了讓綠地、水域、廣場的涼爽微風能順利吹進街區，最重要的
是周圍建築物應避免造成通風的阻礙。日本的CASBEE熱島評估系

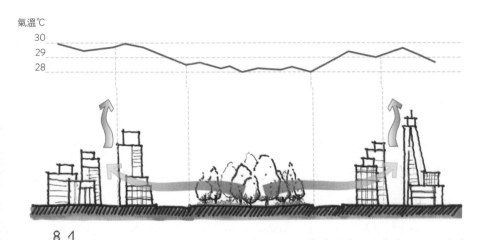

8 1
都市中的綠地、水域、廣場，在背景風降低時會往四周吹出緩慢涼風，有助於街區降溫，
並應確保周圍建築物之間有適當棟距及空地，以免造成通風的阻礙。

統即建議，基地的上風處及下風處若有公園及綠地，基地內的建
築物應儘量避免阻擋進風及出風的路徑。在台灣也有管制策略，
最簡單的就是棟距的控制，例如新北市的都市設計審議中，規定
面臨河岸的建築各棟立面總寬度不得超過基地面寬的70%[6]。

然而，目前台灣的法規對於公園、綠地旁的建築物棟距及量體並
未嚴格約束，常導致公園綠地周圍的建築物為了取得最佳視野，
不僅將建築基地面對綠地的面寬全部蓋滿，不留空隙，且與鄰棟
建築距離狹小。如此一來，氣流將無法由公園綠地吹向四周的街
區，故而影響其他街區基地的受風權。

四、加大建築棟距並局部透空

✔ **建築物應減少連續面寬，增加透空率，確保基地行人層風速**

建築物會造成風阻而降低風速，一個新開發的基地內若有多棟既高且密集的建築物，基地內行人層高度的風速就可能大幅降低。位於熱帶氣候區，高樓密集的香港，就是一個極具代表性的案例。直到2003年，香港遭受嚴重急性呼吸系統綜合症（SARS）襲擊，政府隨後啟動了一系列關於通風導入城市設計的研究及政策研議[7]。根據香港《永續建築設計指引》的規定，連續面寬不得大於鄰接街道峽谷寬度的5倍，由**建築棟距**及**局部透空**合計造成的透空率須在20%以上，還有許多細節的規定[8]（如圖8-5）。

如果開發單位因設計上的限制無法完全符合上述規範，則需使用「空氣流通評估」（AVA）的方法，證明設計後之風環境品質和基本開發模式相同或更好，經審查通過後才准許其開發，此方法用意在管制行人層風場的風流通性，以及維持都市環境的通風效果[9]。雖其立意良好，然而最高強度的開發案須進行風洞試驗，中高強度的開發案須進行八個風向的**計算流體力學**（CFD）模擬，操作上仍過於複雜，且目前尚無客觀的評估基準。

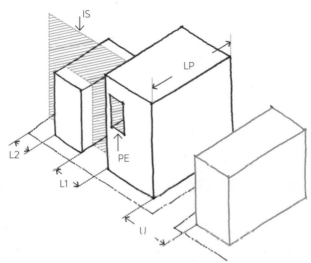

8-5

香港對於建築外部通風性能有嚴格的規定。其中建築連續面寬 (LP) 不得大於鄰接街道峽谷寬度 (U) 的 5 倍，由建築間距 (IS) 及局部透空 (PE) 合計造成的透空率需在 20% 以上。建築物的鄰棟間隔 (L1) 需大於 15 公尺、建築物與基地境界線間隔 (L2) 需大於 7.5 公尺，才得計入 IS，否則需以 PE 計之，但 PE 不得超過 IS 及 PE 合計之 1/3。

五、建築側身以保障周圍基地受風權

✔ **建築物應調整量體，使風能流暢地進出基地，以確保周圍基地有良好通風**

一個基地開發時，不應只顧及自己的通風效果，也要確保周圍基地有空氣流通的機會。也就是說，基地皆有權利接受到風，也有義務將風傳遞到下個基地。就像一群人緊密地站在電風扇前面，

後方的人吹不到風一樣，密集建築群的基地會影響周圍基地的**受風權**。氣流停滯不僅造成都市熱量的蓄積，也影響空氣品質，對人體健康產生危害。然而，對比台灣中央現行建築法令針對日照權有嚴格規定[10]，受風權卻無相關規定。

香港及日本都有詳細的通風管制法令或設計規範，然而，繁複龐雜的規定可能導致規劃設計的限制，專業模擬的需求也可能會導致額外工作必須委外執行。再加上都市街區等級氣候資料不足，都可能導致都市通風推動上的困難。

台灣的研究團隊為了簡化通風評估，以建築物量體在受風方向上的虛擬風阻投影面積來思考。想像一下，你站在投影幕前正對著投影機的光線，投影幕上會產生一個陰影，如果你身體轉90°，側身以肩膀朝向投影機，這時陰影的面積會小一些，陰影面與投影幕的面積比就會降低。如果將這個例子的投光改成入風，人改成建築，那上述這個陰影面積比就成了「風阻比」（如圖8-6），風阻比的數值在0到1之間，用1減掉風阻比，就會得出這個基地在該受風方向的**基地通風率**（SVR）。基地通風率由0至1，數值愈高代表通風率愈好。

基地通風率在評估時有兩個關鍵議題。第一是**受風方向**不容易定義，基地風向會因周圍地形、樓高、季節、時段而有差別，故以

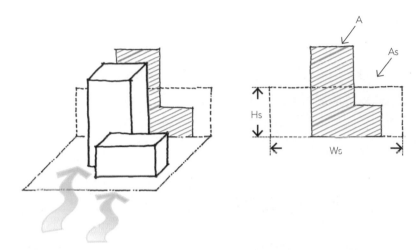

8-6

基地通風率 (SVR= 1 - A/ As) 的計算中，A 為基地內建築物量體垂直投影到「潛在通風區域」之虛擬面積，As 為基地內基準風阻面積 (As= 基地內基準建築高度 (Hs)× 基地通風寬度 (Ws)，其中 Hs=(1.5× 基準容積率 / 法定建蔽率)×3.5。

面對「潛在通風區域」，即鄰接道路或永久性空地為其受風方向，暗示風有較大機會來自如綠地、河岸、廣場等大型空地。第二則是每個基地容許的風阻面積不容易定義，因每個基地的面積、形狀及容許開發的強度都不同，故依照基地內基準建築高度（由容積率及建蔽率推估）及基地通風寬度（基地面對「潛在通風區域」之垂直向最大投影寬度）的乘積，來求得基地內基準風阻面積。

當面對綠地、河川這類能產生自然涼風的開闊空間,或寬廣道路
這類的潛在風廊時,較高的基地通風率意味著基地內部的建築物
是以側身面對這些開闊的區域,能更無阻礙地將風引入及送出基
地,而達到較好的通風效果。目前這個評估方式已納入台中市都
市更新的獎勵辦法中,是全台第一個將都市通風及熱島退燒納入
容積獎勵的都市[11]。

在氣候變遷及都市高溫的威脅下,在基地開發時保障周圍基地的
受風權,確保都市降溫及行人舒適,本應是每一塊基地的**應盡義
務**。因基地的通風率具備高度的公益性,故在推動初期也納入容
積獎勵的其中一個選項,有助於都市通風觀念的倡議及實踐。然
而,容積獎勵不應成為推動都市風廊的唯一工具,未來應朝向更
積極的**規範與管理**,俾利都市熱島退燒政策之永續推動。

應用篇

遮蔭供人行

「遮蔭供人行」不僅是降低都市輻射熱的關鍵手段,也是確保舒適性的最後防線。當盛夏日間人們走在都市街道高溫難耐,躲到陰影處就是最普遍的做法,因為熱輻射正是影響亞熱帶人體熱舒適性最重要的因子。都市環境中,應該要多種植自然開展的喬木,或是設置人工遮蔽設施,以降低地表溫度,減少地表長波輻射,有助於氣溫降低,也確保人體舒適性。

一、選擇枝葉茂密的開展型喬木

✔ 葉面積密度高、冠幅大的喬木能創造較大的陰影面積

大型喬木像一把傘，傘面是無數片高反射率的樹葉，可以直接反射掉較多的短波輻射，不讓它抵達樹下，而能維持樹下陰影處地表的低溫。同時，葉片薄且間隙大的樹種，容易讓氣流帶走葉片熱量，使葉片表面低溫。若站立於樹蔭下，因地表及枝葉表面溫度均低，人體處於平均輻射溫度（Tmrt）較低的環境，就會感覺比較舒適。

一個地點的**天空可視率**（SVF）能反映出一個地點的遮蔽程度（天空可視率的定義詳見第3章第5節）。戶外實測中發現，夏季中午時，空曠處（SVF=0.81）的Tmrt可超過60℃，但良好遮蔽的樹蔭下（SVF=0.20）的Tmrt約35℃。同時，樹蔭下在夏季白天有40%的時段屬於舒適（PET=26-30℃），空曠處僅不到20%，由此可見樹蔭下舒適的潛力[1]。

為了達到最好的遮蔭效果，要符合上述這種較低的SVF的植栽，需同時符合兩種特徵。其一是**葉面積指數**（LAI）[2]較高——也就是樹葉密度較高的喬木，能減少日射由樹葉的間隙投射到地面，例如榕樹的LAI約3.9-6.3，樟樹約2.5-5.5。一個在台灣夏季針對校

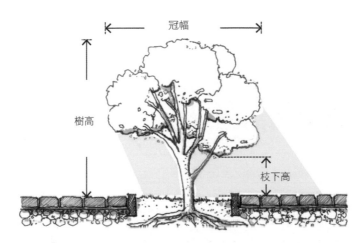

9-1

枝葉茂密的開展型喬木能創造既深且大的陰影。應選擇冠幅大，枝下高小，葉面積指數高的植栽，以有效降低樹蔭下的平均輻射溫度。

園內八個喬木下方測點的研究顯示，當LAI愈大時，對於短波輻射量的屏蔽效應愈好，當LAI值為2.2時，葉子約可阻擋掉80%的輻射量，LAI值為3.8時可阻擋掉90%的輻射量[3]。

其二是**冠幅**較大的樹木，也就是開展型喬木，能創造比較深且面積大的陰影，像榕樹、樟樹的冠幅最大可超過10公尺（如圖9-1）。有些直立型的喬木LAI雖然高，但冠幅不夠大（像福木、瓊崖海棠等），也有些冠幅大的喬木LAI不夠高（像鳳凰樹、木棉等），遮蔭效果都會打折扣。只有LAI和冠幅都符合條件的「枝葉茂密的開展型喬木」才是適合遮蔭的樹種，在台灣，符合這些條件的常

見樹種有榕樹、樟樹、茄冬、台灣欒樹、水黃皮、黃連木、欖仁等，均可創造良好的遮蔭效果。

二、設置輕薄且低透光的遮蔽設施

✓ 利用戶外遮蔽設施阻擋日射並創造陰影，以降低地表溫度

人工的戶外遮蔽設施可分成兩類，一種是供較長時間停留與活動使用的**遮棚**，如頂蓋、遮罩、涼亭等面積較大的遮蔽設施；另一種是供短時間的行走穿越的**廊道**，如迴廊、遮蔭步道、通道、綠廊等狹長的遮蔽設施，有些設施可能結合兩種類型的特徵。

遮棚及廊道是利用其上方的遮蔽物阻擋太陽的日射量，使下方產生陰影，來降低地表的溫度，並提高人體的舒適性（如圖9-2）。就像喬木的樹葉般，人工遮蔽物應具有**高反射**特性，反射大量短波輻射；也應採用**輕量化**材料，材料吸熱時能透過空氣流動而使材料降溫；同時應選擇不透明或**低透明性**的材料，或是在透明、透空材料上採用鍍膜、格柵、攀藤來阻絕短波輻射。

過去一個針對幾種不同遮蔽程度的公車候車亭顯示，高遮蔽度（SVF=0.21）的候車亭，在早上時段的Tmrt會比低遮蔽度

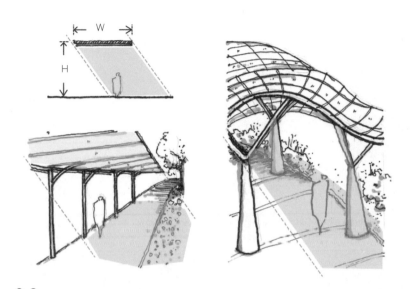

9-2
設置戶外遮棚及廊道可以創造陰影以提高熱舒適性,並應考量遮蔽物的寬度(W)、高度
(H)、材質,以達到較佳的遮蔽效果。

(SVF=0.59)低了約15℃左右,顯示高遮蔽度的設施有助於提升
人體熱舒適性[4]。台灣研究建議,高度4公尺的遮棚其寬度應在5.2
公尺以上,而高度3公尺的廊道寬度應達2.1公尺以上,以滿足人
們對於低輻射的需求[5]。

另一個針對棒球場的實測則顯示,薄膜下方內野座席的Tmrt甚至
高於沒有遮蔽的外野座席。這是因為薄膜為半透明的材料,部分
的日射量會穿透薄膜構造而抵達座位區;再則,薄膜材料在受到

太陽日射加熱後，產生的大量長波輻射會加熱靠近薄膜屋頂的座
席，提高整體Tmrt，也顯示低透光材料對提升熱舒適性的重要
性[6]。加拿大及澳洲特別著重於戶外空間中的**紫外線**防護，不少遮
蔽政策中都包含對於材料透光性、日射熱得、防曬係數的建議，
對於高透光型的玻璃及遮陽布這類材料，亦有較嚴格的附加規範
及建議[7]。

三、調整建築局部量體來創造陰影

✔ 利用建築物內縮的騎樓、穿堂及外推的陽台，增加陰影

單純透過建築物量體的調整，不需外加遮蔽構件，就能塑造出豐
富的陰影（如圖9-3）。在台灣許多城市中，住宅或商業建築鄰接道
路側會設置**騎樓**，這種帶狀退縮可阻擋部分太陽輻射。另外，機
關或學校的**玄關**或**穿堂**，這種貫穿建築物地面層的半開放空間不
僅能減少輻射，也有對流通風的效果，提高熱舒適性。

一個針對台灣多個戶外及半戶外空間使用者熱舒適性的調查顯
示，空曠區平均日射量（566.9W/m²）遠高於騎樓、玄關、穿堂
（358.5W/m²），空曠區使用者表達不舒適的比例（28.8%）也高
於遮蔭處的比例（24.1%）[8]。

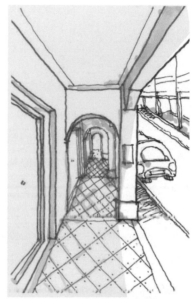

9-3
透過建築量體的調整，如內縮的玄關、穿堂、騎樓與外推的陽台、雨庇，可創造遮蔭及通風良好的半戶外空間。

除了建築物內縮產生遮蔭空間，也可以透過構造的外推來塑造遮蔭，例如陽台，它就能創造下一層樓的遮蔭。配合陽台牆面鏤空設計，以及部分陽台空間的綠化，將有助於創造陽台上的熱舒適空間，也有利於戶外的氣流進入室內。

騎樓及陽台十分適合亞熱帶城市，台灣在中央及地方的建築法令都有一些推動制度或獎勵措施。例如高雄市規定臨接寬度8公尺以

上計畫道路基地，於建築時應留設3.9公尺寬的法定騎樓地或退縮
騎樓地；台中市七期（新市政中心專用區）部分區域則需留設寬
度4公尺的迴廊及騎樓，而這些退縮騎樓地均得計入法定空地，相
當於能提高建蔽率[9]。而中央的法規對於**陽台**最早僅容許1.5公尺
的深度，目前建築技術規則已放寬為2公尺，陽台面積並得全部或
部分免計入容積總樓地板面積[10]。在充分進行綠化的條件下，部
分縣市政府亦在地方自治授權下，放寬免計入容積的陽台深度達
3-4公尺[11]。

值得注意的是，建築量體應該只進行局部的調整來創造遮蔭，如
騎樓、玄關、穿堂。若是加大道路兩旁建築物的量體，或增加建
築物的高度來創造遮蔭，只會適得其反，龐大的量體將會蓄積更
多的熱量。雖提供白天短暫的舒適性，但換來的卻是夜間蓄積熱
量不易排除而升高氣溫的代價，應該留心避免[12]。

四、建立完整而連續的遮蔽路徑系統

✓ 連續性遮蔭步行路徑能減少行人熱輻射累積，提高其生
理及心理滿意度

一段舒適的行走路徑應有連續性的良好遮蔽（如圖9-4），即使偶有
中斷，這段空曠的距離也不宜過長，才能避免行人在強烈的日射

9-4

完整而連續的遮蔽路徑系統有助於行走的舒適性，應儘量避免遮蔭的中斷。假設行人從圖的左側往右行走，會經過有樹蔭的人行道、建築物下方的騎樓、建築物之間連接的廊道，一路上都有良好的遮蔽。騎樓的淨高（H）及寬度（W）的比值最好能小於1，例如當淨高為 4 公尺時，寬度最好可以大於 4 公尺，創造較深的遮蔭效果。

下行走的不舒適感。因為行人在遮蔽中斷處會瞬間吸收大量的短波輻射，就像從低溫空調室內迅速走到高溫戶外一樣，在生理及心理來不及適應下，行人會經歷極大的不舒適感。一個在台灣校園空曠步道的研究發現，行人在微熱的狀況下行走約歷經42分鐘後，約有80%的人表達不舒適感，但在極熱的狀況下則只要走大約18分鐘就有相同比例的人表達不滿意。這說明了若能創造連續的遮蔭空間，避免讓行人長距離曝露在日照下，將能大幅提高行人行走時對熱舒適的滿意度[13]。

新加坡因其炎熱多雨的熱帶氣候，1822年以來即發展出和台灣騎

樓類似的「五腳基」[14]，但這些供民眾步行的空間卻也受到商業活動或被人占用的困擾，公有或私有的爭議不斷。新加坡後續仍不斷致力於遮蔽路徑的推動，第一種是原有像五腳基這種由建築物內縮的「**遮蔽走廊**」，依規定在中央商業區、商業及住商混合區域、捷運站方圓400公尺內，均需留設遮蔽走廊來提供良好的逛街與步行品質。第二種是新發展的型態，為設置於人行道中的「**遮蔽連通道**」，依規定在捷運站及其方圓400公尺範圍的公共區域（如學校、醫療機構、商業住宅社區等）之間的路徑上，均需設置遮蔽連通道來連接公共運輸系統與公共建築[15]。

截至2018年，新加坡已完成了超過200公里遮蔽路徑的建設。而遮蔽走廊、遮蔽連通道均有詳細的設計規範，包含其型態、外觀、尺寸、構造及材料等，同時這兩類皆可不計入容許興建的建築面積，以減少推動上的阻力。

除了常見的騎樓之外，台北信義商圈空橋系統，以及南港車站、南港軟體園區、台北流行音樂中心周邊規劃的空橋系統，均是充分考量行人遮蔽性的設計，這些較特殊的區域在都市計畫及都市設計中都另有規範。然而，在一般的建築基地開發中，遮蔽物必須計入該基地的建築面積及容積樓地板面積，這也影響了設置遮蔽物的意願[16]。例如基地臨接道路的有遮簷人行道、國中小風雨操場及連通走廊、透天住宅或集合住宅大樓間的連通廊道、商業

空間的迴廊與廣場遮棚……等人工遮蔽設施投影面積，依法都須計入允許興建的建築面積中。當基地**建蔽率**及**容積率**有限，或是沒有相關都市及建管制度的指定或放寬時，這些能創造舒適健康且友善步行的遮蔽設施，往往就先被犧牲而無法興建。

政府之所以對這些遮蔽物有較嚴格的法令管制也其來有自，一是遮蔽物日後可能變成違建或違法占用，二則是遮蔽物可能僅利於少數人並將影響都市景觀[17]。然而，面對氣候變遷及都市高溫化，當綠化降溫與通風散熱這類的「減緩」策略來不及跟上熱島的升溫，那麼遮蔭設計這類的「調適」策略就應該要即刻推動，以避免人們的舒適及健康受到衝擊。

都市應建立**完整而連續**的遮蔽路徑系統，才能提供連續性的有效遮蔽，以減緩都市高溫化，並提高民眾舒適及健康。為了達到這個目標，中央及地方應重新檢視遮蔽設施的相關法令，並在合理的配套措施下，逐步放寬遮蔽設施的相關建蔽率及容積率限制，以增加業者設置的意願。此外也應建立遮蔽設施基本的尺寸及材料規範，使設計單位可發揮創意進行設計，達一定規模以上建築物則輔以都市設計審議把關，以確保都市景觀風貌。而在維護管理方面，一方面可建立基金供業者或政府維護管理使用，再則地方政府可針對遮蔽設施進行查核及取締，或加以納管施以檢查，以維護市容。

五、提供良好且多樣化的遮蔭空間

✔ 公園綠地及廣場應提供良好遮蔽空間，提高使用者滿意度及空間利用率

在炎熱夏季的戶外環境，輻射量與氣溫是影響台灣人對戶外環境滿意度最關鍵的因子，兩者合併的影響性就占了75%以上，比空氣溼度（24%）及風速（<1%）的影響性高出許多[18]。同時，也有將近四成的人在夏季時希望日射小一點，這也顯示台灣人對於**遮蔭的期待**[19]。

而這些對於輻射量心理的感受與期待，也確實地反應在人們的行為上，在台灣一系列關於日晒及陰影處的使用人數及行為的調查中，都展現了這些有趣現象。在嘉義一個公園調查中，當背景環境的熱舒適指標顯示為「舒適」時，約有30%的人停留在陰影下，但當達到「暖」的程度，陰影下的人則增加到70%左右，而到「極熱」的狀況時，幾乎有90%的人都移到陰影下了[20]。在台中科博館的戶外階梯廣場上的長時間觀察也顯示，人們在陰影處傾向進行較為靜態的活動，如談話、看書、飲食，而停留時間也比日晒處長了約9分鐘[21]。

有許多公園綠地及廣場的大型喬木或人工遮蔭不足，影響人體

9-5
每個人對於遮蔭的喜好不同，提供多樣化的遮蔽空間有助於提高使用者在熱環境的生理、
心理、及行為的滿意度。

舒適性，也降低了空間的**利用率**，嚴重的話甚至會使人們長時間
曝露在高度熱壓力及紫外線下，影響健康。特別是對氣候較為敏
感的族群使用的空間，例如兒童遊戲場，高齡友善環境的活動區
域 [22]，更應充分考量夏天的遮蔭性，以確保兒童及高齡者的熱舒
適性。

遮蔭空間的**多樣化**，對於使用者的心理感受及行為模式也極為重
要。每個人對於遮蔽形式的喜好不同，有些人喜歡在樹蔭，有些
人傾向在人工遮蔽物下，也有些人喜歡處於空曠及遮蔽之間，可
以視天候隨時移動，這些都是人們重要的**熱調適**特性（如圖9-5）。

　　國際上有個非常著名的案例，研究人員找了兩個相同的空間，有
著一樣桌椅、擺設，以及一扇窗戶。研究人員告訴其中一間的受
測者，這個房間的窗戶不能開啟，但告訴另一間的受測者，可以
自己決定要不要開啟窗戶。研究結束後，被告知能開啟窗戶的那
些受測者最後雖然也沒開窗，但他們卻表達了對那個「可以」開
窗的空間的熱舒適較滿意！另一個更有趣的研究也發現，當你手
拿著空調控制器或握有控制溫度的權限，你對舒適的滿意度就是
硬生生地比那些沒有搖控器或是主控權的人高了許多[23]！

　　上述的兩個例子中，當受測者**知道**他可以開窗，或可以**控制**搖控
器[23]，就表示他擁有對熱環境的主觀行為控制，可以強化他的熱
舒適性滿意度。換句話說，如果一個人在空間中對於熱環境的調
整、控制、改變的自主權力愈強，對於熱舒適的滿意度愈高。

　　因此，我們應該要提供**多樣化**的遮蔽空間，讓他們可以**自主選擇**
要停留在完全遮蔽（如涼亭遮棚）、部分遮蔽（如樹蔭），或是
較為開闊（如廣場）的場地，可以在任何時候都能自由移動，以
取得對他最佳的熱舒適條件，這將有助於提高使用者的滿意度與
空間的利用率。

後記

從2017年9月開始，我陸續將過去從事都市氣候、都市熱環境、人體舒適性這些領域的教學及研究的內容整理成文字，原本是要寫成一本教科書，讓就讀建築系、都計系、景觀系的大學生得以理解相關知識，或讓剛進入這個領域的研究者得以應用。然而，隨著累積的內容日漸龐大，橫跨的領域更加廣泛，讓我一度陷入長考，是該完整地寫下與這個領域相關的所有資訊，還是只節錄出最重要的核心內容；是該傳遞鉅細靡遺的科學知識給專業研究者，還是著重於引起一般讀者的關心及興趣。也因為常常糾結在科學傳遞的專業化及普及性的天平兩端，寫作總是斷斷續續，只能在日常的教學及研究的空檔中進行。

而2020年夏季時的極端高溫，是促成這本書最終樣貌的重大轉折。6月29日台北出現38.9℃高溫，打破台北6月最高紀錄，位於台北盆地正中央的萬華龍山寺附近的氣溫，就比南港台北流行音樂中心附近高出3.5℃左右。而在一個月後的7月24日，台北市更

出現了攝氏39.7℃的高溫，打破台北測站自1896年設站以來的紀錄，是124年來的最高溫。在這段期間我接受了不少電視、報紙、雜誌的專訪，也多次攜帶了熱環境儀器展示熱環境的量測方法及現象。從媒體的報導及民眾的回應顯示，人們不再視都市高溫為炎熱夏季時的理所當然，也理解到都市高溫有很大的成分是人為造成的。他們想進一步知道都市哪裡最高溫、什麼因素導致高溫、政府應該如何改善、生活必須如何因應。當政府釋放出國民中小學全面裝設冷氣的政策，也有許多專業者提醒了廣設冷氣排放的廢熱可能造成都市熱島加劇，並關心孩子們長時間待在全空調的舒適環境下，是否將失去了適應氣候的能力。

在這個夏天，人們對於熱島的關心程度就和都市熱島強度一樣同步上升，這也驅動了我將這本書籍鎖定在都市熱島這個核心議題，並試著將科學傳播給一般民眾的念頭。事實上，目前國外多把都市熱島現象放在都市氣候書籍比較後面的章節，前面通常是資訊量龐大的基礎氣候知識。一個初學者要歷經這麼多的學習才能接觸到都市熱島的議題，光用想的也夠累了，很難吸引一般人去理解。因此，有必要把複雜的科學講得簡單流暢，讓一般人先能引發興趣，才有機會進一步傳遞更多的知識。然而，這對於科學傳播經驗尚淺的我來說，實在是極大的挑戰。

為了幫助第一次認識都市熱島的讀者對這個理論建立整體的概

念，所以本書的內容刻意聚焦在熱島理論本身，和高度相關的知識理論上，基礎的理論和創新的成果就不在本書含括的範圍內。此外，對於熱島具關鍵性的策略，比如說建築節能，知識和策略的資訊量極為龐大，幾乎已是另一本完整的著作，我希望在不久的將來能將與熱島相關的更多知識整理出版，作為本書內容的延續。而一些必要性的理論及文獻則集中放在註解，既不影響閱讀的流暢性，也讓具備專業知識的讀者能夠進一步深入閱讀。

能完成這本書對我而言相當不易，非常幸運的，我遇見非常專業的編輯團隊促成了這本書的出版。亦芝在書寫風格及文字內容一直細心引導及修正，並提醒我從讀者觀點來思考知識數量及解釋方法，是我寫作時的燈塔，不致迷航在龐雜的科學理論及資訊中。菁穗美感的編排設計、雅萱幽默風趣的插畫、青昀精準闡述的繪圖，共同讓這本書呈現出我們理想中的樣貌。而在最重要的出版階段，有賴於靖卉豐富專業的編輯經驗、珮芳清晰的書籍定位，讓國內第一本聚焦於都市熱島的科普書籍能出現在讀者眼前。

這本書的出版，要感謝為本書作序人的啟發及支持。成大建築系林憲德教授長期把研究成果及政策推動撰寫成書，並以誠實之心面對環境議題，是激勵我長期專注於這個議題並撰寫成書的動力；德國氣象局生物氣候研究中心主任Andreas Matzarakis教授與

我有長達十五年的深厚情誼及合作默契，在他鄉間住宅中觀察到他對環境保護及簡樸生活的堅持，在市區辦公室中見到他用淺顯易懂的圖卡向媒體解釋熱浪的成因及防護，並常常提醒我，持續與政府及民眾溝通是科學家的職責所在，寫科普書籍並多加宣傳理念，就是一個絕佳的途徑。天氣風險管理開發公司彭啟明創辦人持續投入與氣候變遷及淨零減碳的行動倡議，透過其豐沛的國際社群及產業鏈結，積極促成都市退燒行動方案的宣導及實踐。感謝為本書推薦的中央研究院人為氣候變遷專題中心許晃雄執行長、九典聯合建築師事務所張清華建築師、文化大學景觀學系主任兼所長郭瓊瑩教授，能得到三位在氣候、建築、景觀領域的領導者的支持及肯定，深感榮幸。

受限於我的知識及能力有限，感謝許多專家學者熱心地審閱內容與提供資料讓這本書的科學價值更為強化，包含（依姓氏筆畫）石婉瑜、林妝鴻、林傳堯、林寶秀、莊振義、黃國倉、黃瑞隆、鄭芳怡。而朱佳仁教授對於行人層風速一節詳細的審閱及修改，讓我學習到治學嚴謹的態度，十分佩服及感激。BCLab的馨茹、育成、洲滄、文玫、奉怡、國安、思喻、子雯、禹方、張馨、晶尹、秉鈞、幸秀、惟中、明叡、星妤、柳臻在文字及圖面幫忙甚多，也十分包容我急性子的進度催促，而歷屆的碩士班學生辛苦的戶外實測調查及嚴謹的數據分析模擬，更是本書立論的重要基礎，少了你們這本書將缺乏科學說服力及在地應用性。

感謝家人的支持與包容，讓我可以沒有後顧之憂地持續寫作。太太很細心地幫我閱讀內容並告訴我她的想法，在我寫書靈感困頓時，她對藝術的專注及執著是鼓舞我持續往前的助力。大兒子每天進我書房晃一下觀察我還能堅持多久，念國小的小兒子就比較緊迫盯人，有段時間每天睡前都問我目前已經寫了幾個字、離目標字數還有多遠，還要我把這兩個數字大大寫在紙上讓他每天監督進度。當時他寫了一張黃色便利貼，中文夾雜注音寫下對於這本書的幾個願望：封面和標題要吸引人注意，內容要很容易懂並有趣味插圖，還要再附一個溫度計給讀者做實驗——他還畫了一個上了色的溫度計並護貝，黏在便利貼旁怕我忘記。目前書籍出版了，他也即將升上國二，這張便利貼依然還貼在我書房螢幕後的牆上，我把它當作是對我下一本書的期許及鼓勵。前兩個願望在這本書似乎已經達成，希望在下一本書有機會能實現他的第三個願望。

註釋

第1章　都市熱島的定義與量測

1. 在1824年法國科學家傅立葉（Jean Baptiste Joseph Fourier）提出大氣層能調節地球氣候，太陽能量可讓可見光穿越，同時阻擋不可見的輻射（也就是本書中提到的長波）脫離地球，但還不知道是哪些氣體在作用，直到1856年美國業餘科學家暨女權倡議人士富特（Eunice Foote）才發現二氧化碳及水蒸氣對日光加熱能力的貢獻，1859年愛爾蘭科學家丁德爾（John Tyndall）隨後也發現這個現象，他發現空氣中最豐富的成分，也就是占了99%的氮氣及氧氣，是可以被熱穿透的，但占不到1%的二氧化碳及水蒸氣卻會吸收熱量，在1861年進一步提到，這些氣體的多寡造成了氣候變化，他也在實驗過程中了解到，都市可能會對氣溫造成局部加熱的效果，也首度創造了「熱島」一詞——也就是在霍華德發現這個現象40年後才被命名（Revkin, A., & Mechaley, L. (2018). *Weather: An Illustrated History: From Cloud Atlases to Climate Change*. Sterling. 鍾沛君譯(2018)。《天氣之書：100個氣象的科學趣聞與關鍵歷史》。時報出版）

2. Kolokotroni, M., & Giridharan, R. (2008). Urban heat island intensity in London: An investigation of the impact of physical characteristics on changes in outdoor air temperature during summer. *Solar Energy*, 82(11), 986-998.

3. Balchin, W. G. V., & Pye, N. (1947). A micro climatological investigation of bath and the surrounding district. *Quarterly Journal of the Royal Meteorological Society*, 73(317 318), 297-323.

4. 依據台灣電力公司揭露之「歷年發購電量占比」資料，109年台電系統發電量為2389.3億度，其中火力發電量占比達80.2%，包括燃煤36.4%、燃油

1.3%、燃氣40.8%、汽電共生1.7%（不含垃圾及沼氣）等。依據經濟部能源局統計，108年度電力排碳係數為0.509公斤CO_2-e/度。以上均為截至110年4月之統計結果。

5. 都市熱島的時段若發生於日間，常是在天空晴朗、太陽輻射強的情況。這將使空氣中的一次汙染物，如碳氫化合物（HC）及氮氧化物（NOx），經紫外線照射發生光化學反應，會產生二次汙染物，如臭氧的發生機率及濃度較會提高。

6. 莊振義針對台北市松山機場鄰近地區風速與PM2.5濃度之研究中發現，在日間大氣不穩定的狀況下，風速每降低0.5m/s，適當條件下會增加15%空氣汙染物濃度（邵昱純(2020)。《不同大氣穩定度下街道尺度風速與空氣汙染物時空分布分析》。台大地理所碩士論文）。林傳堯指出，天氣炎熱時風速微弱，汙染物擴散不良容易累積，以致空汙濃度增加（鄭朝陽等(2019)，都市在發燒專題，聯合報願景工程報導；林傳堯(2018)，整合性多元高解析度資訊之台灣熱浪脆弱度評估成果報告書，中央研究院永續科學研究計畫）。

7. 鄭芳怡指出，大氣中汙染物的濃度除與全球暖化、天氣型態、汙染物排放有關（Cheng, F. Y., & Hsu, C. H. (2019). Long-term variations in PM 2.5 concentrations under changing meteorological conditions in Taiwan. *Scientific Reports*, 9(1), 1-12.），都市熱島也可能直接或間接影響空氣汙染。從氣象變化的角度，熱島效應將使得都會地區溫度升高、增強垂直擴散，造成PM2.5前驅物如NOx、SO_2濃度下降，進而使得PM2.5濃度下降。但由於NO濃度下降，降低O_3滴定效應，反而造成O_3濃度的增加（Ryu, Y. H., Baik, J. J., Kwak, K. H., Kim, S., & Moon, N. (2013). Impacts of urban land-surface forcing on ozone air quality in the Seoul metropolitan area. *Atmospheric Chemistry and Physics*, 13(4), 2177-2194.）。熱島效應也會造成都會地區局步環流結構的改變，如白天海風增強，使得汙染物由都

會區輸送至內陸山區，並累積於山區（Cheng, F. Y., Hsu, Y. C., Lin, P. L., & Lin, T. H. (2013). Investigation of the effects of different land use and land cover patterns on mesoscale meteorological simulations in the Taiwan area. *Journal of Applied Meteorology and Climatology*, 52(3), 570-587.）。而夜間陸風減弱，則會造成汙染物的局部累積加劇。

8. 詳細內容可參閱林傳堯所進行之都市熱島與降雨分布之研究（Lin, C. Y., Chen, W. C., Chang, P. L., & Sheng, Y. F. (2011). Impact of the urban heat island effect on precipitation over a complex geographic environment in northern Taiwan. *Journal of Applied Meteorology and Climatology*, 50(2), 339-353. 及 Lin, C. Y., Chen, W. C., Liu, S. C., Liou, Y. A., Liu, G. R., & Lin, T. H. (2008). Numerical study of the impact of urbanization on the precipitation over Taiwan. *Atmospheric Environment*, 42(13), 2934-2947.）。

9. 彭啟明指出，全球暖化、熱島效應愈嚴重，落雷機率愈高，且大數據發現，落雷會伴隨暴雨同步發生，對熱島嚴重的都會民眾是雙重威脅（鄭朝陽等(2019)，都市在發燒專題，聯合報願景工程報導）。

10. 依據世界氣象組織（World Meteorological Organization, WMO）所制訂的測量標準，氣溫的測量必須在百葉箱（又稱斯蒂芬生百葉箱，Stevenson Screen）中進行，且溫度計需距離地面1.25至2公尺的高度（中央氣象局(2021)，地球發燒了－溫度的量測，中央氣象局數位科普網https://edu.cwb.gov.tw/）。

11. 過去有極多的研究致力於將表面溫度演算為空氣溫度，然而由於地表材料的熱特性差異極大，以及大氣中水汽含量、透過率、短波與長波等影響，仍無法在較高空間解析度下得到較為準確的氣溫演算成果。同時，因衛星影像是由高空拍攝，計算出來的氣溫可能是屋頂、水塔、樹頂、高架橋等人們鮮少駐足的區域，並非距離地面1.5m處的「行人層」（pedestrian

level），故其代表性不足。

12. 成功大學建築與氣候研究室（Building and Climate Lab，簡稱BCLab）為筆者於成大建築系成立之研究團隊。BCLab專注於亞熱帶氣候區之都市氣候，綠色建築、建築能源、人體熱舒適、氣候變遷調適等議題，以科學數據為基礎，發展為可理解知識、易應用技術、能推動之政策。BCLab的網頁為http://bclab.weebly.com/，關於「都市退燒」CoolCityTaiwan的專頁為https://www.facebook.com/CoolCityTaiwan

第2章　台灣的都市熱島現象

1. 【民視異言堂】你住的城市風流嗎？https://youtu.be/vlJh_AQb7TEo

2. Chen, Y. C., Yao, C. K., Honjo, T., & Lin, T. P. (2018). The application of a high-density street-level air temperature observation network (HiSAN): Dynamic variation characteristics of urban heat island in Tainan, Taiwan. *Science of the Total Environment*, 626, 555-566.

3. 經分析及推測，舊台南市的北區、東區、中西區高度密集發展，為都市熱島效應中心，但同時因都市鄰近台灣海峽，受到海陸風影響，白天海風將溫度較低的風吹向陸地，將使得沿海地帶較為低溫，高溫集中在內陸，傍晚太陽下山後，陸地進行輻射冷卻，溫降情形較海洋明顯，陸風吹向海邊，使得高溫西移。這個現象與臨接東京灣的東京都熱島日夜間移動狀況類似（Honjo, T. (2012). Daily movement of heat island in Kanto area. *In 6th Japanese-German Meeting on Urban Climatology*. Hiroshima Institute of Technology Japan.）

第3章　輻射：都市熱量的主要來源

1. 依史蒂芬－波茲曼定律（Stefan-Boltzmann Law），$E= \varepsilon \sigma T^4$。物體在單

位時間下，單位表面積所輻射出的總能量E，為波茲曼常數σ、輻射係數ε、表面溫度T的四次方的乘積。其中T為絕對溫度，單位為K。因為地球上幾乎所有物體的溫度都大於0 K（即-273℃），故均會有輻射熱的釋放。

2. 太陽表面溫度高達5778 K，其釋放的波長大約在100nm（奈米，1nm=10⁻⁹m）到3000nm之間，故也稱為短波輻射。地表釋放的波長約在3000nm以上，故也稱為長波輻射。

3. 依克希荷夫熱輻射定律（Kirchhoff's law），在熱平衡條件下，針對一個相同的特定波長，物體對熱輻射的吸收率等於放射率。舉例來說，厚的雲層對於長波輻射是極有效的吸收體兼放射體。

4. 紫外線包含三個短波段，最短的UVC（100-280nm），對於生物危害極大，但大部分會被平流層的氧氣及臭氧吸收，其次的UVB（280-320nm）會使皮膚紅腫晒傷，到最長的UVA（320-400nm），使皮膚晒黑老化。紫外線約占短波總能量6.6%。

5. 可見光，也就是只有這段是人類「看得到」的，我們將其中波長較短的顏色「稱為」紫色（380nm），接著是藍－綠－黃－橙，波長最長的為紅色（780nm），可見光不但看得到也具有熱量。可見光約占短波總能量44.7%。

6. 紅外線波長較長（>780nm），肉眼看不見，但仍能使被照射物體表面的溫度上升，輻射會一直到3000nm。紅外線約占短波總能量48.7%。

7. 大氣中反射性最高的物質就是雲，它是液體（小水滴）及固體（小冰晶）的混合，很厚的白雲反射率可達0.8。它像是地球這個大房子中最特殊的鏡面窗簾，反射了太陽短波輻射熱。除此之外，大氣中的煙、霧、塵、灰等物質也會反射太陽輻射。在使用「反射率」這個詞時需特別留意，其描述的是哪一段「特定波長」的入射及反射比率。例如，在室內討論採光或

照明時提到的反射率，通常是某種材料對於可見光（波長380-780nm）反射與入射的比例；而在天文或大氣的領域，通常指某種物質對於短波輻射（即100-3000nm）的反射及入射的比例，並改用另一個名詞反照率（albedo）來描述以免混淆。本書中提到的反射率，均以短波輻射為探討對象，即與天文及大氣的反照率相同。但為了便於一般讀者理解，全文仍以「反射率」描述。

8. 地表對太陽短波輻射的反射需依材料特性，也就是前述的反射率來決定。反射率以雪較高（0.8-0.9），海上的冰其次（0.5-0.7），水域可達0.5，森林大約0.2。整體而言，地球大約可將7%的輻射反射回外太空。

9. 由於這些氣體向地表放射長波輻射的方向是朝下，與原先地表向上釋放的方向相反，所以也稱為逆輻射。

10. Graedel, T.E. and Crutzen, P.J. (1995). *Atmosphere, Climate, and Change.*（陳正平譯(1998)。《變色的天空：大氣與氣候變遷的故事》。遠哲基金會出版）。

11. 在所有的溫室氣體中，其實貢獻度最高的是水蒸氣，占了60%。其次才是二氧化碳，占了26%，其他如甲烷、氧化亞氮、臭氧合計占了8%左右，其他氣體為6%，也包含了人為的氟氯碳化物（CFCs）等。雖然造成溫室效應最主要的氣體是水蒸氣，但是由於水蒸氣可以轉化成降雨，再進行蒸發，有良好的循環性，不會有人工氣體累積的問題。所以，當我們在談溫室效應氣體時，是以人為所造成的溫室氣體為對象，由於二氧化碳的貢獻居次，因此，我們就以二氧化碳為主要的削減對象。

12. 直達與漫射日射量兩者加總，就是「全天空日射量」（Global radiation），為單位面積太陽短波的功率（單位為W/m^2，或以MJ/m^2-hour來記錄，可用1 MJ/h=106 J/3600s=277.7 W來換算），氣象局標準測站就是用這個數值來代表空曠區域太陽輻射的功率。在中歐內陸或乾燥氣候的

國家，晴朗的時候天空很藍，就是直達日射量占全天空日射量的比例較高，在德國大約80%以上，台灣因潮溼且雲霧多，約在60%左右。漫射日射的能量比直達日射小很多。

13. 本段描述的短波都只以直達日射描述，然而不論是日晒處或陰影處，仍會視天空狀況及都市環境，會有部分的漫射日射抵達。陰影處幾乎沒有直達日射量，大部分都是漫射日射量，因此整體短波輻射能量會比空曠處低許多。

第4章　氣流：流暢的熱量轉移

1. 牛頓冷卻定律描述一個物體所損失熱的速率與物體和其周圍環境間的溫度差呈比例，可表示為Q= hc A (Ts - Tf)。其中Q為熱傳遞率（W），hc對流熱傳遞係數（convective heat transfer coefficient）（$W/m^2 \cdot K$），A為兩者相接觸的面積（m^2），Ts、Tf為固體及流體兩者溫度（K）。

2. 中央氣象局數位科普網－隨季節變換的風－季風（cwb.gov.tw）。

3. 朱佳仁(2006)。《風工程概論》。科技圖書。

4. 要貼近地面多近風速才為零，與該環境的零風面位移（Zero plane displacement height, Z_d）有關。這個距離通常與地表突出物（或建築物）的平均高度（Z_h）有關，Oke et al (2017)指出Z_d約為0.6 Z_h（Oke, T.R., Mills, G., Christen, A. & Voogt, J.A. (2017). *Urban Climates,* Cambridge University Press）。Brutsaert (1982)則建議Z_d約為2/3 Z_h（Brutsaert W. (1982). *Evaporation into the Atmosphere: Theory, History, and Applications*. D. Reidel Publishing Co.）。

5. 邊界層高度（δ）也稱梯度高度，邊界層風速（U_0）也稱梯度風速，超過邊界層以外的風速幾乎就是梯度風速，不會受到地表的影響（朱佳仁，

2006）（同本章註3）。

6. 地勢平坦的海岸地區，指沿海無明顯地面建築區域，如淡水漁人碼頭，或
是台南濱海的鹽田指市郊。或小市鎮的低矮住宅區，指大約五層樓，15m
以上，例如新北市蘆洲、三重，或台南的仁德、永康一帶。大城市的市中
心區，指大約十層樓，30m以上，例如台北信義計畫區，板橋的新板特
區，台中的新市政中心專用區（七期重劃區），此三者分別相當於朱佳仁
(2006)（同本章註3）表2.6所提之地況D、B及A（朱佳仁，2006）。

7. 依Grimmond & Oke (1999a)指出，粗糙長度（Z_0）受到建築高度、建築平
面與立面投影面積之比例影響甚大，後續Oke et al (2017)（同本章註4）建
議Z_0為1/10 Z_h（見本章註4），與朱佳仁(2006)（同本章註3）表2.1接近
（Grimmond, C. S. B., & Oke, T. R. (1999). Aerodynamic properties of urban
areas derived from analysis of surface form. *Journal of Applied Meteorology
and Climatology*, 38(9), 1262-1292.）。Kondo & Yamazawa (1986)也發展經
驗公式可針對較複雜的區域評估粗糙長度，即 $Z_0=0.25 \times A_b \times H_b+0.125 \times A_g$
$\times H_g+0.01 \times A_s \times 0.1$。其中$A_b$、$A_g$、$A_s$分別為評估區內建築、植栽、空地或
道路占比，H_b、H_g則為建築、植栽的平均高度。（Kondo, J., & Yamazawa,
H. (1986). Aerodynamic roughness over an inhomogeneous ground surface.
Boundary-Layer Meteorology, 35(4), 331-348.）

8. 計算的背景是假設這三處是符合指數剖面（Power law profile）對於風
速的預測，可表示為$U_1/U_2=(H_1/H_2)^\alpha$。其中U_1、U_2分別為高度H_1、H_2
的風速，α為地況指數。本計算因需求得1.5m處（即$H_1=1.5m$）的風速
（U_1），故將H_2分別設為海岸、市郊、市中心的邊界層高度（即200m、
400m、500m）、U_2為邊界層風速，均假設為10m/s。其中地況指數α
依Counihan (1975)的經驗是由粗糙長度（Z_0）推估，即$\alpha =0.096 \log_{10} Z_0$
$+0.0166 (\log_{10} Z_0)^2+0.24$（Counihan, J. O. (1975). Adiabatic atmospheric
boundary layers: a review and analysis of data from the period 1880–1972.

Atmospheric Environment (1967), 9(10), 871-905.），Z_0則依本章註7所示
（Z_0=1/10 Z_h），海岸、市郊、市中心之Z_0分別為0.01、1.5、3m，α計算結
果分別為0.11、0.26、0.29，其結果也與朱佳仁(2006)（同本章註3）之表
2.6接近。朱佳仁指出，指數剖面僅適用地表粗糙度均勻分布、且完全發展
之紊流邊界層。當都會區建築物高度差異過大，或建築物高度不均勻，局
部效應（local effect）嚴重，便會改變邊界層流，故實際的風場都會偏離
理論模式之預測，可以採用計算流體力學（CFD）來做後續研究。

9. 改繪自Figure 4.9, pp.88, Oke et al (2017)（同本章註4）。

第5章　平衡：留在都市中的熱量有多少

1. 此即為都市邊界層（Urban Boundary Layer, UCL）的高度，大概是建築物
高度的10倍，因台灣都市平均樓高在10m（三樓）到30m（十樓）左右，
故UCL大概100m到300m之間。

2. 依都市熱平衡理論，太陽淨輻射量(Q*)+人工發熱量(QF)-顯熱傳遞(QH)-潛
熱傳遞(QE)-水平對流熱變化(△QA)=蓄熱量(△QS)。蓄熱量若大於0，代表
氣溫可能會升高，若小於0代表氣溫可能會降低。

3. 熱傳導需經過介質來傳遞，介質可以是固體、液體或氣體，在真空處因無
介質，就無法進行熱傳導。但熱輻射則不需要介質，在真空處也可以進
行，所以太陽輻射能穿越真空的宇宙而來到地球。

4. 熱傳導係數k[W/(m.K)]，指的是通過某厚度之材質，在單位時間、單位溫
差之條件下，垂直通過單位面積材質之傳導熱量。常見都市材料的熱傳導
係數都比較高，如瀝青0.7，紅磚0.8，混凝土是1.4，鋼板45，只有少數
較好的隔熱材才有較低的熱傳導係數，如岩綿，保麗龍在0.05以下。自然
材料中的水（液態）約0.6，土壤約0.4、木材約0.2，乾草為0.07，空氣
0.025。

5. 植物從根部吸收到的水分，大約只有1%留在植物本體而用於各種生理過程，其餘的99%會透過蒸散作用散失。

6. 原始出處為Oke, T. R., Grimmond, C. S. B., & Spronken-Smith, R. (1998). On the confounding role of rural wetness in assessing urban effects on climate. In Preprints of the AMS Second Urban Environment Symposium (pp. 59-62)。引用於Oke et al (2017) pp.195（同第4章註4）。

7. 原始出處為Christen, A., Oke, T., Grimmond, S., Steyn, D., & Roth, M. (2013). 35 years of urban climate research at the 'Vancouver Sunset' flux tower。引用於Oke et al (2017) pp.194（同第4章註4）。

8. 依熱力學第一定律（能量守恆定律），能量既不會憑空消失，也不會憑空產生，只能從一種形式轉化成另一種形式，或者從一個物體轉移到另一個物體，而總量保持不變。

9. 本數據根據洪國安博士論文中的成果推算而得。在加計搬運熱量的時候所需要的動力下，排放到室外的熱量約為室內空調負荷的1.3倍。若採用的空調系統為氣冷式，每平方公尺的住宅面積將釋放出422W的熱量。假設一間135平方公尺的小住宅有一半空間都使用冷氣，總發熱量為28.4kW（422W×135×0.5），若以家用吹風機1台為1kW計，則相當於28支吹風機的熱量。（洪國安(2021)。《都市高溫化下之空調排熱分析》。成功大學建築系博士論文）。

10. 本文部分內容曾由作者受訪，刊登於2020年8月1日之《聯合報》專欄「住在精華區好熱，恐傷荷包又傷健康」，以及8月4日TVBS之報導「雙北精華區電費飆漲，樹海、公園第一排更搶手」。此研究使用的氣象資料為TMY3，室內基準溫度為26℃之操作溫度，高於此溫度就會啟動空調，使用者的行為模式則依一般台灣常用的設定（林奉怡(2019)。《建構都市規模下的微氣候、住宅能源需求及熱風險空間分佈地圖的開發研究》。成功

大學建築系博士論文）。

11. 台灣在冷氣及冰箱都有「能源效率標示」，依能源使用效率分一到五級標示，一級產品最省電環保。

12. Japan Sustainable Building Consortium. (2005). *Evaluation Manual for the Comprehensive Assessment System for Building Environmental Efficiency*, CASBEE-HI.

第6章　舒適：熱的最後一哩路

1. 人體呼吸（respiration latent heat loss, Eresp）、皮膚的水蒸氣擴散（water vapour diffusion through skin, Ediff）皮膚表面汗液蒸發（evaporation of sweat from the surface of the skin, Esw）。

2. 這裡定義的熱季是指台灣在春、夏、秋三個季節，亦即每年3月至11月期間。

3. 只有在非常特殊的狀況下，例如在冬天凌晨時，天空及環境的表面溫度極低，此時平均輻射溫度會低於空氣溫度，導致人體熱量會透過輻射的方式失去熱量。平均輻射溫度涉及人體對短波及長波的吸收，故與人的體型、姿勢、衣著有關，為了標準化的計算通常會設定一個標準人體，然後依德國工程學會VDI3787的方式進行六個方位的短波及長波輻射之量測及加權計算。VDI (1998) *Methods for the Human Biometeorological Evaluation of Climate and Air Quality for Urban and Regional Planning*. Part I:Climate. VDI guideline 3787. Part 2. Beuth, Berlin

4. 不同的身高體重與年齡，體表面積不同，且計算出的活動產生的熱量、代謝量會不同。

5. 舉例而言，當一位穿著短袖T恤及長褲（衣著量0.5clo）行走（代謝量

1.9met）的成年男子，曝露在空氣溫度30℃，平均輻射溫度60℃，相對溼度50%，風速1m/s的環境。如果以室內常用的熱舒適指標PMV（預測平均感受Predicted Mean Vote）為例，其PMV＝4.21。室內及戶外均可使用的SET*新標準有效溫度（Standard Effective Temperature）來計算，則其SET*＝35.8℃以戶外使用相當普遍的PET（生理等效溫度）熱舒適指標為例，他身處的PET＝43℃。

6. 藉由TSV（平均感知投票Thermal Sensation Votes）定義PMV在-0.5到+0.5之間為舒適。

7. Matzarakis, A. & Mayer, H. (1996). Another kind of environmental stress: thermal stress. WHO News 18:7 – 10.

8. 1972年Fanger在進行這個PMV/PPD熱舒適範圍的界定時，就是在美國堪薩斯大學挑選了1300名大學生為受測者，受測者涵蓋了不同性別及種族，在可控制室內溫溼度的實驗艙中，同時進行熱環境物理量記錄以及問卷調查。

9. 應用PMV/PPD熱舒適的理論，夏季室內的溫度應該要23℃左右才會舒適，但黃瑞隆等人在台灣的研究結果顯示，在空調的場所中，台灣人在辦公室的舒適範圍可達26℃左右。若在自然通風的學校教室中，學生在夏季約可接受到27℃的溫度。新加坡研究甚至指出，人們可接受高達28至29℃的溫度。

10. 在戶外環境也發現類似的現象，BCLab在台灣針對在戶外（無遮蔽空曠處）3027位、半戶外（如樹蔭、迴廊、騎樓、遮棚）3470位，及室內（自然通風空間）1580位，合計8077個受測者的研究分析顯示，人們在戶外能容忍較高的溫度，其次是半戶外空間，對於室內的容忍性較低，期望較低的溫度。（Lin, T. P., & Matzarakis, A. (2008). Tourism climate and thermal comfort in Sun Moon Lake, Taiwan. *International Journal*

of Biometeorology, 52(4), 281-290；Hwang, R. L., & Lin, T. P. (2007). Thermal comfort requirements for occupants of semi-outdoor and outdoor environments in hot-humid regions. *Architectural Science Review*, 50(4), 357-364.）

11. PMV當時的受測者即使涵蓋了不同的種族，但基本上他們都在美國生活，這些人的氣候經驗都是一致的——也就是當地氣候，所以調查出來的熱舒適性，自然就會比較接近當地氣候的長期特徵。而即使是來自熱帶氣候國家的外籍生，即使他們只在美國住一兩年的時間，這個短期的氣候經驗都有可能讓他們「短暫」地適應較冷的環境，對於低溫的接受度也較高。

12. Nikolopoulou, M., & Steemers, K. (2003). Thermal comfort and psychological adaptation as a guide for designing urban spaces. *Energy and Buildings*, 35(1), 95-101；Brager, G. S., & De Dear, R. J. (1998). Thermal adaptation in the built environment: a literature review. *Energy and Buildings*, 27(1), 83-96.

13. Lin, T. P., Yang, S. R., & Matzarakis, A. (2015). Customized rating assessment of climate suitability (CRACS): climate satisfaction evaluation based on subjective perception. *International Journal of Biometeorology*, 59(12), 1825-1837.

第7章　增綠再留藍

1. 石婉瑜應用台北盆地2015年夏季早上的Landsat衛星圖資所取得的地表溫度，並以100m的環域（buffer zone）進行分析。研究中也發現綠地有助於鄰近建成區的表面溫度降低，影響範圍大概可達到100公尺左右（Shih, W. Y. (2017). The cooling effect of green infrastructure on surrounding built environments in a sub-tropical climate: a case study in Taipei metropolis.

Landscape Research, 42(5), 558-573.；Shih, W. (2017). Greenspace patterns and the mitigation of land surface temperature in Taipei metropolis. *Habitat International*, 60, 69-80.) 。

2. 以衛星取得的地表溫度呈現的是從高空處觀測到地表物體的植栽、建築、地面最頂面的表面狀況，與實際人們在地面上行人層高度（距地面約1.5m高度）曝露的空氣溫度有差異，見第1章第3節。

3. 羅子雯以台北市夏季平均溫度分布圖與公園綠地空間分布的關聯性分析之結果（羅子雯(2018)。《結合局部氣候分區及景觀生態指標之都市氣候地圖建置及應用》。成功大學建築系碩士論文）。

4. 岑宛姍(2018)騎乘搭載熱環境儀器的三輪腳踏車，一路貫穿台南公園（14.6公頃）並往熱鬧市區前進，全程約1.2公里。研究發現遠離公園邊緣400公尺以外的區域，幾乎已經沒有受到綠地降溫的影響了。這個原因除了與氣候特徵（如風向及風速）有關，也與公園綠地周圍的建築物是否過於緊密而阻擋涼爽空氣的流動有關（岑宛姍(2018)。《綠地對周圍環境降溫效果之現地量測與分析》。成功大學建築系碩士論文）。

5. 同本章註3。

6. 同本章註3。

7. 林寶秀以大安森林公園10種喬木及2種竹子進行植栽型態、葉面特徵記錄，以及熱環境的量測，以比較公園內樹木的降溫效益，不同樹種降低氣溫的能力約介於0.64到2.52℃、降低土表溫度的能力約介於3.28到8.07℃之間（Lin, B.S. & Lin, Y.J. (2010). Cooling effect of shade trees with different characteristics in a subtropical urban park. *HortScience*, 45, 83-86.) 。

8. Wong, N. H., Chen, Y., Ong, C. L., & Sia, A. (2003). Investigation of thermal benefits of rooftop garden in the tropical environment. *Building and*

Environment, 38(2), 261-270.

9. 黃國倉與黃瑞隆(2016)在內政部建築研究所委託研究報告《屋頂隔熱對策全尺度節能實證之研究》中，以一屋頂層進行薄層綠化（覆土深度15公分）住宅與傳統五腳磚隔熱屋頂相互比較，發現全年室內過熱之發生頻率為22%，對比於傳統屋頂的27%，在室內熱舒適之改善上屋頂綠化於全年可減少約440小時的過熱情形，對改善室內熱舒適有助益；而對室內過熱嚴重程度之改善上屋頂綠化更具改善之效果，對比於傳統屋頂可達20%。此外，對空調型辦公建築物而言，覆土深度愈深者愈有助於空調節能，一個透過全尺度實驗屋的實測例子，顯示在南台灣炎熱的夏季月期間，15公分與40公分覆土深的屋頂綠化對比於傳統屋頂，能替建築頂層空間帶來約29.5%與34.3%的空調節能效益。

10. 白智升(2005)。《地表鋪面水分飽和狀態對戶外溫熱環境之影響》。國科會大專學生參與專題研究計畫。

第8章　讓路給風走

1. 《德國聯邦自然保護法》（Bundesnaturschutzgesetz）第1章第3節第4條中，針對都市土地利用及生態景觀環境保全之相關規範。

2. 研究者多是將城市或區域切割成很多較小尺寸的網格，然後依照這個網格內空地、建築、植栽所占的面積與突出物的高度，加權計算出每個網格的粗糙長度（計算方式請見第4章註7）。粗糙長度愈大，代表這個網格的風阻愈大，風愈不容易通過。接著假設風會儘量選擇相對阻力較小的網格前進，即可依序找出連續的路徑以定義出風廊。

3. 本風廊系統為「臺中市都市計畫新市政中心專用區通盤檢討規劃案」中分析，研究區域占地108公頃（即俗稱台中七期），匯聚市政、商務、高層住宅，堪稱台中的信義計畫區，包含台中市政府、國家歌劇院、新光三越

百貨、秋紅谷生態公園等重要地點。風廊的分析及指認由BCLab歐星好進行。

4. 東京研究將其稱為「公園滲流風」（park breeze）。（Narita, K. I., Mikami, T., Sugawara, H., Honjo, T., Kimura, K., & Kuwata, N. (2004). Cool-island and cold air-seeping phenomena in an urban park, Shinjuku Gyoen, Tokyo. *Geographical Review of Japan*, 77(6), 403-420_1.）

5. 瑞典研究將其稱為「市區的微風」（intra-urban thermal breeze）。（Thorsson, S., & Eliasson, I. (2003). An intra-urban thermal breeze in Göteborg, Sweden. *Theoretical and Applied Climatology*, 75(1), 93-104.）

6. 新北市板橋（江翠北側地區）都市設計審議原則中規定，建築基地平均寬度大於15公尺以上者，建築物各幢立面最大寬度與送審基地平均寬度之百分比應以不大於70%為原則。

7. Ng, E. (2009). Policies and technical guidelines for urban planning of high-density cities–air ventilation assessment (AVA) of Hong Kong. *Building and Environment*, 44(7), 1478-1488.

8. 永續建築設計指引（Sustainable Building Design Guidelines, APP152）由香港屋宇署於2011年制定，包含建築間隔（Building Separation）、退縮（Building Setback）、基地綠覆率（Site Coverage of Greenery）三個主要部分管制。文中提及的連續面寬（continuous projected façade length, LP）、棟距（Separating Distance）、透空間距（Intervening Space, IS）、透空單元（Permeable Element）、透空率（Permeability）等有許多額外附加規定。

9. 空氣流通評估（Air Ventilation Assessment, AVA）由前香港房屋及規劃地政局協同環境運輸及工務局在2005年聯合頒布（Technical Circular No.

1/06 on Air Ventilation Assessments）。AVA評估報告需經規劃署進行審查後，由屋宇署准許開發與否。AVA目前是採用了「比較建議方案和改進設計」。部分概括性內容已納入2006年《香港規劃標準與準則》的第11章「城市設計指引」（Ng, E. et al, 2012, *Executive Summary of Hong Kong Urban Climatic Map and Standards for Wind Environment- Feasibility Study*, The Chinese University of Hong Kong, Hong Kong）。

10. 建築技術規則建築設計施工編第39-1條第1項規定，新建或增建建築物高度超過21公尺部分，在冬至日所造成之日照陰影，應使鄰近之住宅區或商業區基地有1小時以上之有效日照。

11. 《臺中市都市更新建築容積獎勵辦法》中，以「基地通風率」（Site Ventilation Ratio, SVR）做為「建築量體與環境調合」評估指標（更新單元容積獎勵評定基準表△F14-4），若基地棟距均達在6m以上，且基地通風率大於30%時，最高能增加5%的容積率，鼓勵業者為城市降溫，響應宜居建築。SVR的公式研議、擬定、驗證由BCLab張洲滄、陳育成、張馨參與。

第9章　遮蔭供人行

1. Lin, T.P., Matzarakis, A., Hwang, R.L. 2010. Shading effect on long-term outdoor thermal comfort. *Building and Environment*. 45: 213-221.

2. 葉面積指數（Leaf Area Index , LAI）是重要生態參數，代表單位面積土地上之葉面積量，無單位。例如某處的綠地上每平方公尺單位土地上若有5平方公尺的樹葉面積，則LAI = 5。這個值愈高代表樹葉的密度愈高。

3. 此分析來自於林妝鴻指導之論文：應政華(2012)。《葉面積指數對室外微氣候影響之調查研究》。聯合大學建築系碩士論文。

4. Lin, T.P., Matzarakis, A. and Huang, J.J. (2006). Thermal comfort and passive

design of bus shelters, in Proceedings of the 23rd Conference on Passive and Low Energy Architecture (PLEA2006), 6-8 September 2006, Geneva, Switzerland.

5. 該研究結合台灣的日射軌跡、氣候型態、在地人對於輻射量的主觀接受範圍，遮棚及廊道兩種不同時用型態及期待，利用現地實驗及重複模擬的方法，提出遮蔽物的最佳比例建議，以滿足人們對於低輻射的需求。（歐星妤、林子平(2021)，戶外遮蔽設施尺度與熱輻射及舒適性之量化分析，造園景觀研討會）。

6. Lin, T.P. and Hsu, C.H. (2007). Thermal comfort survey and analysis of baseball stadium. *Unpublished Bachelor Thesis*, National Formosa University, Yunlin, Taiwan.

7. 澳洲預防皮膚癌計畫中，從中央到地方政府均擬定遮蔭政策，如維多利亞州政府Sun Smart Shade Guidelines計畫，並有相關遮蔭設置之補助Shade Grants Program。加拿大地方政府也為紫外線防護訂定遮蔭政策，如Toronto Shade Guidelines對於自然及人工遮蔽的材質、比例均有相關建議。

8. 該研究總計進行了六個在台灣中南部的場域，調查對象中包含停留在遮蔭區域有3470名，及空曠區域3027名。其中表達不舒適者定義為問卷中表達「暖」及「熱」的人。（同第6章註10）。

9. 高雄市規範於《建築管理自治條例》第15條，台中市規範於《變更臺中市都市計畫（新市政中心專用區）細部計畫（第三次通盤檢討）》。

10. 在《建築技術規則建築設計施工編》第162條中，對於陽臺面積能否部分或全部計入容積樓地板面積有詳細規定。

11. 在《高雄市建築管理自治條例》及《都市計畫法高雄市施行細則》中，若

依規定進行綠化及相關設計，陽台可以延伸為3公尺。在《臺中市鼓勵宜居建築設施設置及回饋辦法》中，建築物設置之垂直綠化設施，若併同一般陽台設計者，深度可達4公尺。

12. 這種高寬比極大的深街谷的街道型態，即便在日間行人層能接收到較少的短波輻射量，達到短時間的舒適性，但短波（特別是漫射日射）會在密集建築物與柏油路面之間來回反射吸收，夜間時因天空可視率低，通風狀況不佳，蓄積的熱量不易以輻射及對流釋放，造成都市高溫化現象，詳見第3章第5節描述。

13. 黃國倉等人在台大校園的研究發現，當行人在夏季晴朗日走在沒有遮蔭的路徑時，若環境氣溫為32.2℃時，持續行走超過42分鐘後，會有80%的人表達不舒適；然而當環境溫度來到38℃時，則只要行走約18分鐘，就有相同比例的人表達不舒適。（黃國倉、黃瑞隆、翁堉騰(2020)。《建構動態行人熱舒適模型以評價都市綠園道綠化品質之研究》。科技部專題研究報告。）

14. 1822年的新加坡城市規劃The Jackson Plan規定，屋前必須留有5英尺寬度的有遮蔽的走廊，所以稱為five-foot-way，中文稱五腳基。

15. 文中的遮蔽走廊原文為covered walkway，如本章第3節之騎樓；遮蔽連通道為covered link way，如本章第2節之供行走穿越的廊道。遮蔽走廊規範於新加坡市區重建局（URA, Urban Redevelopment Authority）的都市開發準則（Development Control Guideline）。而遮蔽連通道由新加坡陸路交通管理局（LTA, Land Transport Authority）於2013年之Walk2Ride計畫推動，主要是鼓勵使用大眾運輸，並於公共交通據點之400公尺範圍內公共區域增加遮蔭廊道，而後接續於2018年推動之 Walking and Cycling Design Guide，則提供詳盡的人行及自行車相關設施設計指南、遮蔭廊道設計標準。

16. 在台灣推動都市遮蔭設計，相關法令仍有諸多限制待解，極具挑戰，以下歸納出兩項關於遮蔽法令上的認定。第一，建築基地內獨立遮蔽物需計入建蔽率及容積率。對於建築管理而言，依建築技術規則的定義，退縮騎樓得計入法定空地（即免計入建蔽率），但若要在基地臨接道路側設置一個獨立於建築之外，且有頂蓋的遮棚或走廊，則其投影面積需計入該基地的建築面積及容積樓地板面積中，意味著這片頂蓋幾乎被視同為四面有實牆的室內空間。第二，獨立遮蔽物需特別依照相關法令，始得免計入建蔽率及容積率。目前仍有一些方式可將這些獨立的遮蔽物的投影面積計入法定空地中，或亦可不計入容積樓地板面積。在中央法令上，高度4.5公尺以下的頂蓋若設置太陽光電發電設備，得免依建築法規定申請雜項執照，且無需檢討其建蔽率及容積率。而在地方法令上，則可在都市細部計畫中的土地使用管制中，明定這類的迴廊通道得計入法定空地，另對其外觀、設計等細節，則可再授權都市設計審議，或針對特定區域另定都市設計審議準則，做更完整的規範。再則，也可在地方自治精神下另訂規範，例如「高雄厝」在相關規範與回饋金繳納等條件下，一棟標準的透天住宅最高可設置30平方公尺的屋前綠能設施，其下方可供停車使用，上方則為綠化或太陽光電發電。（林子平(2021)，〈涼適城市的遮蔭設計〉，《台灣建築學會會刊雜誌》，102期，第56-60頁）

17. 之所以對遮蔽物有這些限制也有其原因，通常有以下兩個觀點。第一，遮蔽物日後可能變成違建或違法占用。早期透天厝常有在屋前設置停車採光罩、室內空間外推至陽台、屋頂加蓋等五花八門的違建，中央及地方政府只能祭出更嚴格的建築法令要求，例如屋頂的女兒牆不能過高，景觀陽台兩側不能立柱，以防堵日後可能增加違建的機會。而遮蔽物正是被「高度懷疑」成潛在違建，業主或使用者可能會增加牆體而成為室內空間，或是違法占用，影響公共安全及市容觀瞻。因此，中央及地方政府莫不小心翼翼研商相關法令，在都市計畫、建築管理嚴格規範這類型的頂蓋設施。第二，遮蔽物可能僅利於少數人並將影響都市景觀。部分觀點認為，遮蔽物

雖有都市降溫及人行舒適性的優勢，但較有利於設置的住戶或商店，而無法在公益性的基礎上為都市提供好處。同時，過去住宅的採光罩、遮棚多為事後加建，缺乏與建築良好的整體設計，造成負面的印象，也引發遮蔽設施是否影響都市景觀的疑慮。同本章註16。

18. Lin, T.P., DeDear, R., Hwang, R.L. 2011. Effect of thermal adaptation on seasonal outdoor thermal comfort. *International Journal of Climatology*. 31: 302-312.

19. Hwang & Lin (2007)，同第6章註10。

20. Lin, T.P., Tsai, K.T., Liao, C.C., Huang, Y.C. 2013. Effects of thermal comfort and adaptation on park attendance regarding different shading levels and activity types. *Building and Environment*. 59: 599-611.

21. 該研究針對位於台中科博館的階梯式廣場進行觀察。在廣場的空曠及遮蔭處架設熱環境儀器，並在較遠處以攝影機記錄（避免臉部辨識確保隱私），之後將廣場上的人進行編碼，記錄他們的停留位置、時間、行為等（Huang, K.T., Lin, T.P.*, Lien, H.C. 2015. Investigating thermal comfort and user behaviors in outdoor spaces: A seasonal and spatial perspective. *Advances in Meteorology*. 2015.）。

22. 李麗雪指出，夏遮蔭與冬避風的環境舒適性，會影響高齡者停留時間的長短，以及多元群集活動的發生，在都市熱島效應下，公園高齡友善環境的設計應積極營造舒適座椅休憩區（李麗雪(2020)。《我高齡，我想去公園玩：高齡友善環境建構指南》。田園城市）。

23. 此即為主觀行為控制（Perceived Behavioral Control）或控制感（sense of control），它代表一個人「知道」自己是能控制或掌握這個行為，能提升這個人對於該事件的滿意度。（Karjalainen, S. (2009). Thermal

comfort and use of thermostats in Finnish homes and offices. *Building and Environment*, 44(6), 1237-1245；Brager, G., Paliaga, G., & De Dear, R. (2004). Operable windows, personal control and occupant comfort.）

國家圖書館出版品預行編目(CIP)資料

都市的夏天為什麼愈來愈熱？：圖解都市熱
島現象與退燒策略／林子平著. -- 初版.
-- 臺北市：商周出版：英屬蓋曼群島商
家庭傳媒股份有限公司城邦分公司發行，
2021.06
　面； 公分. -- (科學新視野；172)
ISBN 978-986-0734-27-0(平裝)

1. 氣候變遷 2. 環境保護 3. 綠建築

328.8018　　　　　　　　　110006669

科學新視野 172

都市的夏天為什麼愈來愈熱？：圖解都市熱島現象與退燒策略

作　　者／林子平
繪　　者／陳青昀、王雅萱、楊馨茹
文字編輯／蕭亦芝
企畫選書／黃靖卉
責任編輯／羅珮芳

版　　權／黃淑敏、吳亭儀、江欣瑜
行銷業務／周佑潔、黃崇華、張媖茜
總 編 輯／黃靖卉
總 經 理／彭之琬
事業群總經理／黃淑貞
發 行 人／何飛鵬
法律顧問／元禾法律事務所 王子文律師
出　　版／商周出版
　　　　　台北市 104 民生東路二段 141 號 9 樓
　　　　　電話：(02) 25007008　傳真：(02)25007759
　　　　　E-mail：bwp.service@cite.com.tw
發　　行／英屬蓋曼群島商家庭傳媒股份有限公司城邦分公司
　　　　　台北市中山區民生東路二段 141 號 2 樓
　　　　　書虫客服服務專線：02-25007718；25007719
　　　　　服務時間：週一至週五上午 09:30-12:00；下午 13:30-17:00
　　　　　24 小時傳真專線：02-25001990；25001991
　　　　　劃撥帳號：19863813；戶名：書虫股份有限公司
　　　　　讀者服務信箱：service@readingclub.com.tw
　　　　　城邦讀書花園：www.cite.com.tw
香港發行所／城邦（香港）出版集團
　　　　　香港灣仔駱克道 193 號東超商業中心 1F　E-mail：hkcite@biznetvigator.com
　　　　　電話：(852) 25086231　傳真：(852) 25789337
馬新發行所／城邦（馬新）出版集團【Cite (M) Sdn Bhd】
　　　　　41, Jalan Radin Anum, Bandar Baru Sri Petaling,
　　　　　57000 Kuala Lumpur, Malaysia.
　　　　　電話：(603) 90578822　傳真：(603) 90576622
　　　　　Email: cite@cite.com.my

封面設計／洪菁穗
內頁排版／洪菁穗
印　　刷／韋懋實業有限公司
經　　銷／聯合發行股份有限公司
　　　　　電話：(02)2917-8022　傳真：(02)2911-0053
　　　　　地址：新北市 231 新店區寶橋路 235 巷 6 弄 6 號 2 樓

■ 2021 年 6 月 1 日初版
■ 2022 年 4 月 18 日初版 2.2 刷　　　　　Printed in Taiwan

定價 320 元

城邦讀書花園
www.cite.com.tw

廣 告 回 函
北區郵政管理登記證
北臺字第000791號
郵資已付，免貼郵票

104　台北市民生東路二段141號2樓

英屬蓋曼群島商家庭傳媒股份有限公司城邦分公司　收

請沿虛線對摺，謝謝！

書號：BU0172　　書名：都市的夏天為什麼愈來愈熱？　編碼：

讀者回函卡

感謝您購買我們出版的書籍！請費心填寫此回函卡，我們將不定期寄上城邦集團最新的出版訊息。

不定期好禮相贈！
立即加入：商周出版
Facebook 粉絲團

姓名：＿＿＿＿＿＿＿＿＿＿＿＿＿＿＿＿＿＿＿＿ 性別：□男 □女

生日：西元＿＿＿＿＿＿年＿＿＿＿＿＿月＿＿＿＿＿＿日

地址：＿＿＿＿＿＿＿＿＿＿＿＿＿＿＿＿＿＿＿＿＿＿＿＿＿

聯絡電話：＿＿＿＿＿＿＿＿＿＿ 傳真：＿＿＿＿＿＿＿＿＿＿

E-mail：

學歷：□ 1. 小學 □ 2. 國中 □ 3. 高中 □ 4. 大學 □ 5. 研究所以上

職業：□ 1. 學生 □ 2. 軍公教 □ 3. 服務 □ 4. 金融 □ 5. 製造 □ 6. 資訊

　　　□ 7. 傳播 □ 8. 自由業 □ 9. 農漁牧 □ 10. 家管 □ 11. 退休

　　　□ 12. 其他＿＿＿＿＿＿＿＿＿＿＿＿＿＿＿＿＿＿＿＿＿

您從何種方式得知本書消息？

　　　□ 1. 書店 □ 2. 網路 □ 3. 報紙 □ 4. 雜誌 □ 5. 廣播 □ 6. 電視

　　　□ 7. 親友推薦 □ 8. 其他＿＿＿＿＿＿＿＿＿＿＿＿＿＿＿

您通常以何種方式購書？

　　　□ 1. 書店 □ 2. 網路 □ 3. 傳真訂購 □ 4. 郵局劃撥 □ 5. 其他＿＿＿

您喜歡閱讀那些類別的書籍？

　　　□ 1. 財經商業 □ 2. 自然科學 □ 3. 歷史 □ 4. 法律 □ 5. 文學

　　　□ 6. 休閒旅遊 □ 7. 小說 □ 8. 人物傳記 □ 9. 生活、勵志 □ 10. 其他

對我們的建議：＿＿＿＿＿＿＿＿＿＿＿＿＿＿＿＿＿＿＿＿＿

＿＿＿＿＿＿＿＿＿＿＿＿＿＿＿＿＿＿＿＿＿＿＿＿＿＿＿＿＿

＿＿＿＿＿＿＿＿＿＿＿＿＿＿＿＿＿＿＿＿＿＿＿＿＿＿＿＿＿